RAKESH KUMAR MISHRA

Inteligência Artificial e Robótica

AF514416

RAKESH KUMAR MISHRA

Inteligência Artificial e Robótica

A procura da Inteligência Artificial

ScienciaScripts

Imprint

Any brand names and product names mentioned in this book are subject to trademark, brand or patent protection and are trademarks or registered trademarks of their respective holders. The use of brand names, product names, common names, trade names, product descriptions etc. even without a particular marking in this work is in no way to be construed to mean that such names may be regarded as unrestricted in respect of trademark and brand protection legislation and could thus be used by anyone.

Cover image: www.ingimage.com

This book is a translation from the original published under ISBN 978-620-3-92903-4.

Publisher:
Sciencia Scripts
is a trademark of
Dodo Books Indian Ocean Ltd. and OmniScriptum S.R.L publishing group

120 High Road, East Finchley, London, N2 9ED, United Kingdom
Str. Armeneasca 28/1, office 1, Chisinau MD-2012, Republic of Moldova, Europe
Printed at: see last page
ISBN: 978-620-8-30346-4

Copyright © RAKESH KUMAR MISHRA
Copyright © 2024 Dodo Books Indian Ocean Ltd. and OmniScriptum S.R.L publishing group

Conteúdo

A robótica trabalha para o entretenimento

Robótica

na memória de
Amado BabuJi

Shri Govind Prasad Mishra
■ Nascido a 15-8-1945

■ Morreu a 14-11-2014

RECONHECIMENTO

- O autor agradece ao seu pai, **Shri Govind Prasad Mishra**, em particular, pelo apoio financeiro, técnico e moral para o desenvolvimento do projeto **BOOK**. Gostaria de estender a nossa gratidão ao **Dr. C.R.Patel** Principal **Dist. Kanker (C.G.).pelo** seu apoio efetivo e orientação no acompanhamento próximo. Finalmente, os nossos **agradecimentos** especiais vão para a **Lambert Publication House** pela dactilografia e publicação do manuscrito. Muito obrigado ao **editor e à editora Lambert Publication House** pelos comentários de revisão e pelas suas valiosas sugestões sobre formas de melhorar este livro. Expresso os meus sinceros agradecimentos à Tech B por fornecer documentos e dados de investigação úteis. Estou sinceramente grato a muitos cientistas indianos, finalmente; Não tenho palavras para expressar minha mais sincera gratidão ao respeitado **pai Late Shri. G.P. Mishra** e à respectiva mãe, **Smt. Shakhi Mishra.** Por último, mas não menos importante, agradeço muito a cooperação demonstrada pela minha mulher **Sunaina e Atul, Anushka, Sakshi e Shrishti** pela sua paciência. A minha profunda gratidão e dívida para com **Shri Amit Jain ji, yatishsahu Executive of Tech B Bhilai**, pela sua orientação inspiradora e constante ao longo do meu trabalho.
- **4Março 2019**
- **Dr. Rakesh Kumar Mishra**
- **Kailashpatinager post rudri dist. dhamtari chhatishgargh**

Prefácio

- A inteligência artificial, que melhora o nível humano, ultrapassa a capacidade do ser humano para atingir o seu potencial máximo, o investigador desenvolve o objetivo e constrói sistemas inteligentes que podem agir ou pensar de forma inteligente, à semelhança das pessoas.
- Assim, é necessário que a Al utilize todos os aspectos para desenvolver uma aldeia inteligente, uma cidade inteligente, modernizar o nosso sistema inteligente, utilizar a vedação das fronteiras na exploração espacial.
- Deteção de al, como o ecrã tátil, reconhecimento de voz, assistente móvel orientado para o consumidor para identificar as palavras que foram ditas ao sistema
- Al refere-se à atividade de adquirir e aplicar diferentes competências e conhecimentos para resolver um determinado problema.
- A inteligência também diz respeito à utilização da capacidade geral de resolver, raciocinar e aprender situações diversas.
- Al (inteligência artificial, ferramenta que tem a capacidade de processar enormes quantidades de dados através da utilização de computadores, pode dar a quem os controla e analisar toda a informação.
- A inteligência artificial reflecte-se como a representação artificial do cérebro humano, que tenta simular o seu processo de aprendizagem com recurso ao poder do cérebro humano.
- AIL (inteligência artificial) O ser humano era responsável por dar todas as direcções às máquinas no passado e no futuro, mas já não é. A inteligência artificial significa equipar as máquinas com o poder de tomar as suas próprias decisões, tal como os cérebros humanos.
- Al refere-se a uma criação artificial de inteligência semelhante à humana que pode aprender, raciocinar, planear, perceber ou processar a linguagem natural. AI connect - uma plataforma única integrada baseada em hardware e software Al. Que linguagem de máquina se refere a uma inteligência artificial?
- A aprendizagem automática é um tipo específico de Al que é capaz de reconhecer padrões nos dados e fazer previsões com base nesses padrões. Quanto mais dados forem fornecidos, mais exacta se torna. Os jogos são a melhor forma de apresentar a aprendizagem automática à criança. Para fazer o trabalho de remendo no laboratório. Fazemos o modo de treino e utilizamos o Al e a aprendizagem automática.
- A inteligência artificial (robótica) tem capacidades para iniciar a inteligência humana, realizando várias tarefas que requerem raciocínio e aprendizagem,
- Resolver problemas e tomar várias decisões. A tecnologia robótica é uma grande tendência na vida atual, tendo ganho popularidade em vários sectores, como a indústria, os hospitais, as escolas, as forças armadas, a música, os jogos, etc.
- A inteligência artificial que compete com a humana cria um grande desafio para o pensamento humano, mas o lado positivo é que a tecnologia Al, o avanço pode consideravelmente e para erradicar as doenças, a guerra e o nível de pobreza.
- A rápida investigação da inteligência artificial na robótica reflecte-se nas grandes ameaças existenciais que a humanidade enfrenta
- As ameaças destrutivas podem também aumentar o risco para o sistema superinteligente, uma vez que a tecnologia Al irá deslocar significativamente os empregos dos trabalhadores,
- Com um grande impacto na logística, nos transportes, nos serviços ao consumidor e no processo educativo, o conceito de "aldeia inteligente" abordará os múltiplos desafios, tais como a urbanização não planeada, o subdesenvolvimento das aldeias, a atenuação, a procura, a melhoria do nível de vida, etc.
- A aldeia inteligente é uma formação resultante da co-evolução de quatro faces e inovações distantes destes quatro sectores

- **Serviços modulares e cadeia de serviços modulares**
- Tecnologias de prestação de serviços, como a logística e as TI, e respectivos mecanismos
- Instituições que influenciam o governo e a regulamentação
- Recursos e sua gestão.

O Al

- **Utilização da IA com a tecnologia**

" Resumo

- DrR.K.Mishra

"i E-mail

- rakesh response@rediffmail.com

Resumo

- A inteligência artificial, que melhora o nível humano, ultrapassa a capacidade do ser humano para atingir o seu potencial máximo de investigador, desenvolve o objetivo e constrói sistemas inteligentes que podem agir ou pensar de forma inteligente da mesma forma que as pessoas. Assim, é necessário que a IA utilize todos os aspectos para desenvolver uma aldeia inteligente, uma cidade inteligente, modernizar o nosso sistema inteligente, utilizar a vedação fronteiriça na exploração espacial, detetar a IA, como o ecrã tátil, o reconhecimento da fala, o assistente móvel orientado para o consumidor para identificar as palavras que o sistema diz A IA refere-se à atividade de adquirir e aplicar diferentes competências e conhecimentos para resolver um determinado problema.
- **Introdução à Inteligência Artificial**
- **A Ai coordena, através da ciência e da engenharia, programas de computador inteligentes.**
- **A inteligência artificial é uma abordagem para fazer com que um computador, um robô ou um produto pense como uma máquina inteligente pensa, aprenda a decidir trabalhar, quando tenta resolver problemas. E, finalmente, os resultados são obtidos através de um programa de software inteligente.**
- **O objetivo do Al é melhorar as funções informáticas relacionadas com o poder humano do conhecimento, por exemplo, a ressonância, a aprendizagem e a resolução de problemas.**
- **A inteligência é intangível e composta por l.raciocínio, 2.1aprendizagem, 3.proЫат abordagem de resolução, 4. perceção,5.Inteligência Lingustica**
- **A Inteligência Artificial e o Pensamento Humano A IA construiu ferramentas e técnicas com o Pensamento Humano, actividades como a tomada de decisões que definem o comportamento inteligente como a capacidade de atingir um desempenho ao nível humano.**
- A inteligência artificial, que melhora o nível humano, ultrapassa a capacidade do ser humano para atingir o seu potencial máximo de investigador, desenvolve o objetivo e constrói sistemas inteligentes que podem agir ou pensar de forma inteligente, tal como as pessoas fazem. Assim, é necessário tempo para que a IA seja utilizada em todos os aspectos para desenvolver a aldeia inteligente,
- Cidade inteligente, modernização do nosso sistema inteligente, utilização da vedação fronteiriça na exploração espacial.
- Deteção de IA, como o ecrã tátil, reconhecimento de voz, assistente móvel orientado para o consumidor para identificar as palavras que foram ditas ao sistema
- A IA refere-se à atividade de adquirir e aplicar diferentes competências e conhecimentos para resolver um determinado problema.
- A inteligência também diz respeito à utilização da capacidade geral de resolução, raciocínio e aprendizagem de várias situações. A IA (inteligência artificial, ferramenta que tem a capacidade de processar enormes quantidades de dados através da utilização de computadores, pode dar a quem os controla e analisar toda a informação.
- A inteligência artificial reflecte-se como a representação artificial do cérebro humano, que tenta simular o seu processo de aprendizagem com recurso ao poder do cérebro humano. A inteligência artificial (robótica) tem capacidades para iniciar a inteligência humana, realizando várias tarefas que requerem pensamento e aprendizagem, resolvendo problemas e tomando várias decisões.
- A tecnologia robótica é uma grande tendência na vida atual, tendo ganho popularidade em vários sectores, tais como indústrias, hospitais, escolas, forças armadas, música, jogos, etc.
- A inteligência artificial que compete com o ser humano cria um grande desafio ao pensamento humano, mas, pelo lado positivo, a tecnologia Al, o avanço pode erradicar consideravelmente as doenças, a guerra e o nível de pobreza. A rápida investigação da inteligência artificial na robótica reflecte-se nas grandes ameaças existentes que a humanidade enfrenta
- As ameaças destrutivas também podem aumentar o risco para o sistema superinteligente. A tecnologia de IA irá deslocar significativamente os empregos dos trabalhadores, com grande impacto na logística, nos transportes, nos serviços ao consumidor e nos processos educativos.

- o conceito de "aldeia inteligente" abordará os múltiplos desafios, tais como a urbanização não planeada, o subdesenvolvimento da aldeia, a atenuação, a procura, a melhoria do nível de vida, etc.
- A aldeia inteligente é uma formação que resulta da co-evolução de quatro faces e inovações distantes destes quatro sectores
- Serviços modulares e cadeia de serviços modulares
- Tecnologias de prestação de serviços, como a logística e as TI, e respectivos mecanismos
- Instituições que influenciam o governo e a regulamentação

Recursos e sua gestão.

O Dimensões de aprendizagem de fazer e mexer

O É possível obter experiências de aprendizagem valiosas através da criação e do trabalho manual. Utilize este quadro para observar, apoiar, documentar e refletir sobre a forma como o ambiente, as actividades e a facilitação do trabalho manual podem ter apoiado ou impedido esses resultados.

O Aprendizagem ou compreensão concetual

O 1 fazer observações e colocar questões

O 2. Testar ideias provisórias

O 3. construir soluções para novos problemas

O 4.Aplicar soluções a novos problemas

O Criatividade e auto-expressão

- Explorar de forma lúdica
- Responder esteticamente a materiais e fenómenos
- Ligar projectos a interesses e experiências pessoais
- Utilizar materiais de forma inovadora.

O Envolvimento social e emocional

O l.trabalhar em termos

O 2. ensinar e ajudar uns aos outros

O 3. manifestar orgulho e propriedade

O 4. documentar/partilhar ideias com outros.

PARTE I

Utilização da IA com tecnologia

"i Resumo

A inteligência artificial que melhora o nível humano vai além da capacidade do ser humano para atingir o seu potencial máximo, o investigador desenvolve o objetivo e constrói sistemas inteligentes que podem agir ou pensar de forma inteligente da mesma forma que as pessoas. Assim, é preciso tempo para que a IA use todos os aspectos para desenvolver uma vila inteligente, uma cidade inteligente, modernizando nosso sistema inteligente, uso de cerca de fronteira na exploração espacial, deteção de IA, como tela sensível ao toque, reconhecimento de fala, assistente móvel orientado ao consumidor para identificar as palavras que falaram o sistema AI refere-se à atividade adquirir e aplicar diferentes habilidades e conhecimentos para resolver um determinado problema.

Capítulo 1

Al

■ A inteligência artificial é um ramo da ciência que trata de ajudar a máquina a encontrar soluções para problemas complexos. Um problema mais parecido com o humano.

■ A perspetiva de inteligência da Inteligência Artificial é tornar a máquina inteligente, agindo como se espera que as pessoas ajam.

■ A inteligência artificial, que melhora o nível humano, ultrapassa a capacidade do ser humano para atingir o seu potencial máximo, o investigador desenvolve o objetivo e constrói sistemas inteligentes que podem agir ou pensar de forma inteligente, como as pessoas fazem. Assim, é necessário tempo para que o Al seja utilizado em todos os aspectos para desenvolver uma aldeia inteligente, uma cidade inteligente, modernizar o nosso sistema inteligente, utilizar a vedação da fronteira na exploração espacial. Deteção de Al, como o ecrã tátil, reconhecimento de voz, assistente móvel orientado para o consumidor para identificar as palavras que foram ditas ao sistema

■ A instabilidade para distinguir a resposta do computador da resposta humana chama-se teste de viragem.

■ A inteligência requer conhecimento. A inteligência artificial é uma nova máquina eletrónica que armazena grandes quantidades de informação e processa a alta velocidade.

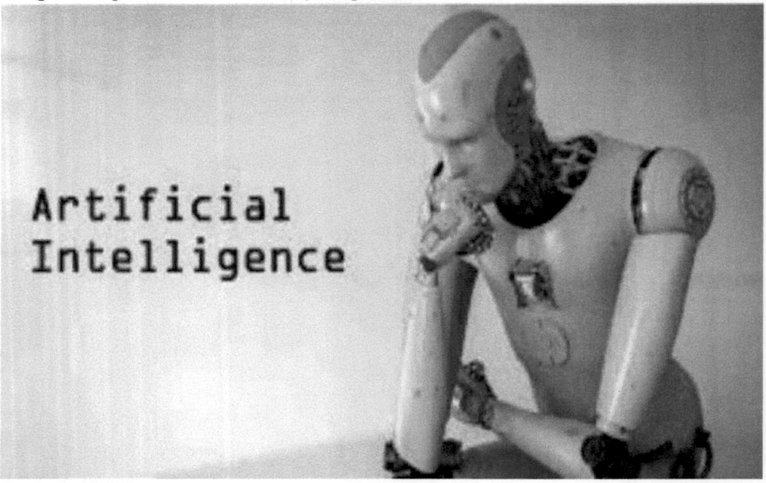

Inteligência Artificial

ч **Objetivo da investigação Al**

■ **O objetivo da investigação em Al é o raciocínio, a representação do conhecimento, o planeamento, a aprendizagem, o processamento da linguagem natural, a realização e a capacidade de mover e manipular objectos. Tudo isto deve ser feito através da inteligência computacional e da codificação tradicional da Al. Durante a investigação Al relacionada com a pesquisa através da otimização matemática, redes neuronais artificiais e métodos baseados na estatística, probabilidade e economia, utilizar como muitas ferramentas, a ciência da computação atrai AI.**

т **Aplicação da IA**

■ **A IA faz uma utilização extensiva de vários tipos de conhecimentos e aplicações de domínio. Como por exemplo**

■ **Processamento de linguagem natural**

- **Criar um sistema pericial cujo sistema compreenda, explique e descreva a entrada visual no computador.**
- **O reconhecimento da fala, que se baseia num sistema de reconhecimento da fala com IA, tem capacidade para ouvir e exprimir frases e compreender o seu significado.**
- **Reconhecimento de escrita.**
- **Criar robôs inteligentes capazes de executar as instruções dadas por um software de construção humana.**
- **Aplicação da IA nas tecnologias de identificação**
- **Tal cartão de identificação, identificação biométrica**
- **Utilização da IA no marketing de consumo**
- **Por exemplo, cartão de crédito/ATM/cartão de compras durante as compras**
- **Utilização como aplicação de IA na tradução automática**
- **Tornar a IA capaz de disponibilizar hardware e software actualizados a arquitectos e autoridades, para que as máquinas inteligentes possam dedilhar, solicitar respostas através de Ver, ouvir, ler, falar, saborear, traduzir, aprender e apoiar.**
- **Al Ligar coisas inteligentes**
- Al é uma forma integrada de hardware que vem numa única caixa. Utilizamos um bloco de metodologia único baseado na codificação, que é uma das metodologias pelas quais se podem realizar actividades interactivas.
- Como por exemplo
- Reconhecimento facial,
- reconhecimento de objectos
- Sensor de deteção nariz-olho
- Sensor super detetor
- Interface de sensores
- Gráficos Python.

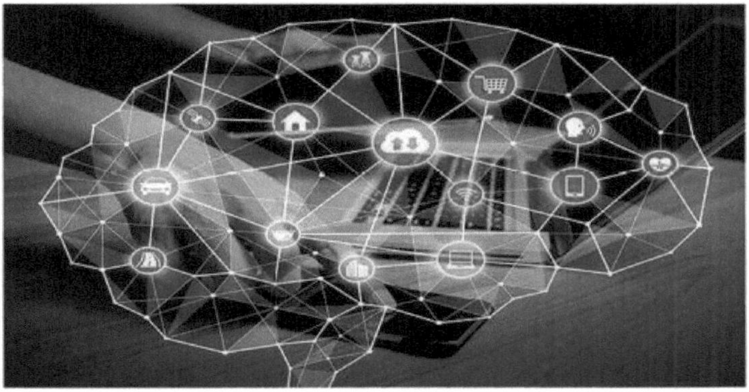

- **Identificação de tecnologias**
- **Cartões de identificação, por exemplo**
- IDCardsATM
- Risco de incómodo e de segurança Perda de cartões; cartões roubados, esquecimento de palavras-passe, alteração da palavra-passe.
- Identificação biométrica " Câmara/CCTV "i Dispositivos de impressões digitais
" Microfone
- Utilizações informáticas e identificação de assinaturas biométricas

Banco móvel inteligente

Banca móvel

- **Inteligência artificial e aprendizagem automática**
- Reconhecer a fala, o texto impresso e escrito
- Distinguir o género e a emoção do rosto das pessoas através da emoção
- Conselho Virtual

P. Deteção de cor

- Divirta-se mais com o projeto eletrónico baseado na cooperação do poder de Al

- A aprendizagem baseada em máquinas utiliza o teste de treino e torna-o modal.

AI Connect

"Preparar os jovens para o futuro Tecnologias"

AI Connect *(Inteligência das Coisas)*

é uma plataforma integrada de hardware e software que vem numa única caixa. O AI Connect é uma solução de aprendizagem fácil, acessível e baseada em abordagens para jovens estudantes de todo o mundo.

A IA e os cérebros humanos

- A inteligência artificial, que melhora o nível humano, ultrapassa a capacidade do ser humano para atingir o seu potencial máximo de investigador, desenvolve o objetivo e constrói sistemas inteligentes que podem agir ou pensar de forma inteligente, tal como as pessoas fazem. Assim, é necessário tempo para que a IA seja utilizada em todos os aspectos para desenvolver a aldeia inteligente,
- Smartcity, modernização do nosso sistema inteligente, utilização da vedação fronteiriça na exploração espacial.
- Deteção de IA, como o ecrã tátil, reconhecimento de voz, assistente móvel orientado para o consumidor para identificar as palavras que foram ditas ao sistema
- A IA refere-se à atividade de adquirir e aplicar diferentes competências e conhecimentos para resolver um determinado problema.
- A inteligência também diz respeito à utilização da capacidade geral de resolver, raciocinar e aprender diversas situações. A IA (inteligência artificial, ferramenta que tem a capacidade de processar enormes quantidades de dados através da utilização de computadores, pode dar a quem os controla e analisar toda a informação.
- A inteligência artificial reflecte-se como a representação artificial do cérebro humano, que tenta simular o seu processo de aprendizagem com recurso ao poder do cérebro humano.
- A inteligência artificial (robótica) tem capacidades para iniciar a inteligência humana, realizando várias tarefas que exigem raciocínio e aprendizagem, resolver problemas e tomar várias decisões.
- A tecnologia robótica é uma grande tendência na vida atual, tendo ganho popularidade em vários sectores, como a indústria, os hospitais, as escolas, as forças armadas, a música e os jogos,

P. Outros.

- A inteligência artificial que compete com a humana cria um grande desafio para o pensamento humano, mas o lado positivo é que a tecnologia Al, o avanço pode consideravelmente e para erradicar as doenças, a guerra e o nível de pobreza.
- A rápida investigação da inteligência artificial na robótica reflecte-se nas grandes ameaças que a humanidade enfrenta
- As ameaças destrutivas podem também aumentar o risco para o sistema superinteligente, uma vez que a tecnologia Al irá deslocar significativamente os empregos dos trabalhadores,
- Al com grande impacto na logística, nos transportes, nos serviços ao consumidor e nos processos educativos.
- o conceito de "aldeia inteligente" abordará os múltiplos desafios, tais como a urbanização não planeada, o subdesenvolvimento da aldeia, a atenuação, a procura, a melhoria do nível de vida, etc.
- A aldeia inteligente é uma formação que resulta da co-evolução de quatro faces e inovações distantes destes quatro sectores
- Serviços modulares e cadeia de serviços modulares
- Tecnologias de prestação de serviços, como a logística e as TI, e respectivos mecanismos
- Instituições que influenciam o governo e a regulamentação

- Recursos e sua gestão.

- **Inteligência artificial**
- A IA está a calcular a transformação em todos os sectores - ajudando as empresas e as cadeias de abastecimento,
- Internet das coisas, (IOT)
- Impressão 3D
- Automatização de processos robóticos (RPA)
- Robótica de hardware
- Cadeia de blocos

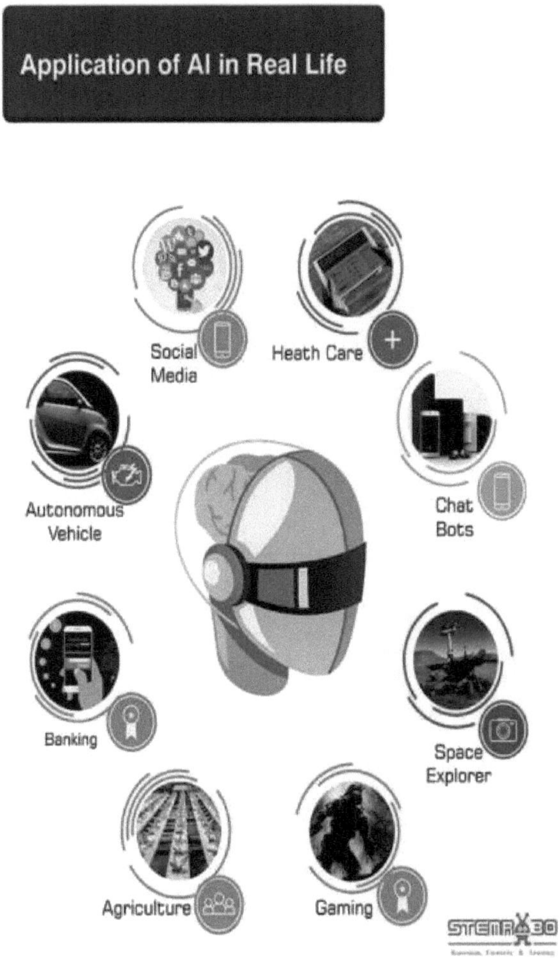

- **Realidade Aumentada/Virtual**
- Al refere-se à capacidade de adquirir e aplicar diferentes competências e conhecimentos para resolver um determinado problema. A inteligência também diz respeito à utilização da capacidade mental geral para resolver, raciocinar e aprender diversas situações.
- Capacidades da inteligência artificial
- Visão por computador
- Reconhecimento e síntese de voz
- Processamento de linguagem natural
- Representação do conhecimento

" Raciocínio

"i Planeamento

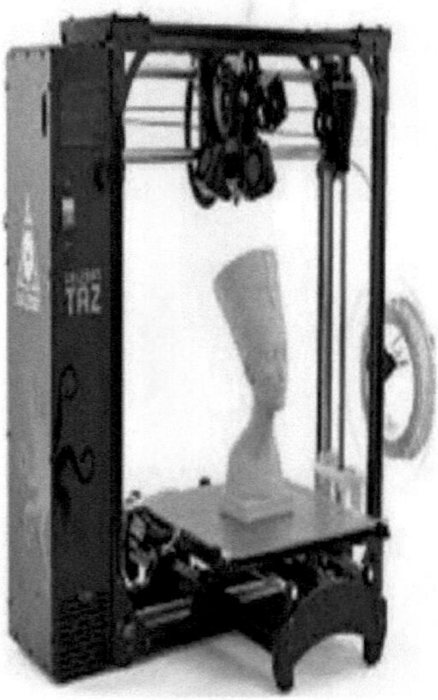

Imagem da impressora 3D

Impressora 3D

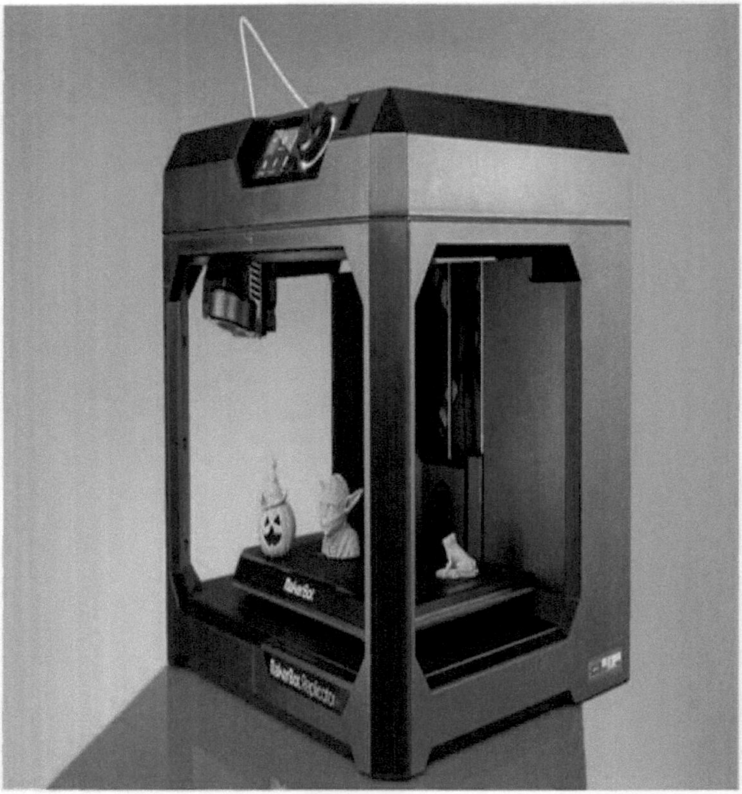

■ Impressora 3D melhor na melhor configuração

■ **Impressora 3D ParaFabricação CaseiraReplica**

■ A impressora 3D é utilizada na sociedade e pelos designers e arquitectos tecnocratas de muitas formas. A impressão 3D é um dos avanços tecnológicos mais importantes no fabrico de aditivos, que foi implementado e reconhecido como parte das indústrias modernas, pois tem muitas vantagens. Para fabricar utilizando o conceito de prototipagem rápida e deposição de camadas do material que é feito através do envio de dados para o software da máquina

■ **Utilizar a impressora 3 D**

■ A utilização da impressora 3D na impressão é muito útil para a investigação e desenvolvimento de vários componentes que vão desde a estrutura simples utilizada na vida quotidiana.

■ Utilizado para desenvolver réplicas (componentes complicados em aplicações aeroespaciais)

■ A impressora 3D oferece muitas vantagens: simplicidade, fiabilidade, precisão, etc.

■ Aplicação de modelação de impressoras 3D Utilização de software para codificação de máquinas

" SKETCHUP " FUSION360

" TINKERCAD

" AUTOCAD

" MAYA

■ **Vantagens da impressora 3D**

■ Utilização para desenvolver peças de máquinas

■ Protótipo de conceção modal

■ Porpoise médicos, tais como dentes desenhados, estrutura óssea e hardware de máquinas, degine de veículos.

■ **Aprendizagem automática**

■ A Aprendizagem Automática (AM) é o estudo científico dos algoritmos utilizados para executar tarefas sem recorrer a instruções explícitas, confiando e inferindo, em vez disso, é vista como um subconjunto da inteligência artificial.

"i **Algoritmos**

- Em matemática e ciências da computação, um algoritmo é uma sequência de instruções, normalmente para resolver uma classe de problemas ou efetuar um cálculo.
- **Fase dos algoritmos**
- Definição de resolução de problemas
- Desenvolvimento de um modal
- Especificação dos algoritmos
- Conceber um algoritmo
- Verificação da correção dos algoritmos
- Análise de algoritmos
- Implementação de algoritmos
- Teste do programa
- **Grandes volumes de dados computação em nuvem**
- Este capítulo apresenta uma visão geral do domínio da análise de grandes volumes de dados. Começamos por definir e explicar a sua importância. A variedade de dados provém de diferentes fontes de dados, em primeiro lugar, os dados podem provir de fontes de dados integrais e externas, tais como texto, imagens, fluxos de vídeo, declarações áudio e muito mais. Os grandes volumes de dados são activos de informação de elevado volume, elevada velocidade e/ou elevada variedade que exigem formas inovadoras e rentáveis de tratamento da informação que permitam uma melhor perceção, tomada de decisões e automatização de processos.
- A organização tem a tradição de captar dados adicionais transaccionais, para além disso, atualmente, a organização capta dados adicionais do ambiente operacional a uma velocidade cada vez mais rápida.
- **Dados da Web**
- **Dados de texto**
- O correio eletrónico, as notícias, os feeds do livro de rosto, os documentos, etc., são um dos maiores e mais amplamente aplicáveis grandes volumes de dados. Os dados sobre o comportamento do cliente na Web, tais como visualizações de páginas, pesquisas, leitura de críticas, compras, podem ser capturados, o que melhora o desempenho em áreas como a modelação da melhor oferta seguinte, a segmentação de clientes e a publicidade direcionada.
- **Dados de tempo e localização**
- O GPS do telemóvel, bem como a ligação WIFI, permite obter informações sobre o tempo e a localização. Como fontes crescentes de dados, os dados sobre o tempo e a localização são um dos tipos de grandes volumes de dados mais sensíveis em termos de privacidade e devem ser tratados com grande cautela.
- **Dados do sensor**
- A rede inteligente e os dados dos sensores Os dados dos sensores são atualmente recolhidos de automóveis, petróleo, tubos, moinhos de vento, turbinas e são recolhidos com uma frequência extremamente elevada.
- Permite diagnosticar mais facilmente os problemas e desenvolver mais rapidamente medidas de atenuação.
- **Dados de redes sociais**
- Em sítios de redes sociais como o Face Book, LinkedIn, integral, é possível fazer uma análise de ligações para descobrir a rede de um determinado utilizador, o que é feito tendo em conta não só os interesses que os clientes declararam pessoalmente, mas também sabendo em que é que esse círculo de amigos ou colegas tem interesse.
- **Linguagem de programação profunda**
- Breve caraterística e introdução à aprendizagem profunda
- Rede Neural Artificial
- Propagação posterior
- Camada totalmente conectada

- Camada convolucional
- Sobreposição
- **Aprendizagem da engenharia de recursos**
- A engenharia de caraterísticas é o processo de utilização do conhecimento do domínio dos dados para criar caraterísticas que fazem funcionar os algoritmos de aprendizagem automática.
- Quando se trabalha num problema de linguagem de máquina. A engenharia de caraterísticas consiste em conceber manualmente o que devem ser as entradas.

P. **Robótica**

- A robótica contrasta com outros ramos em domínios razoavelmente novos da engenharia em diferentes ramos ocupados no desenvolvimento da robótica é
- Engenharia mecânica
- Engenharia eléctrica

" Engenharia informática

Tipos de componentes de robótica

Tipos de peças de robótica

G.P.S SurvellinaceTécnicas utilizadas em tecnologia

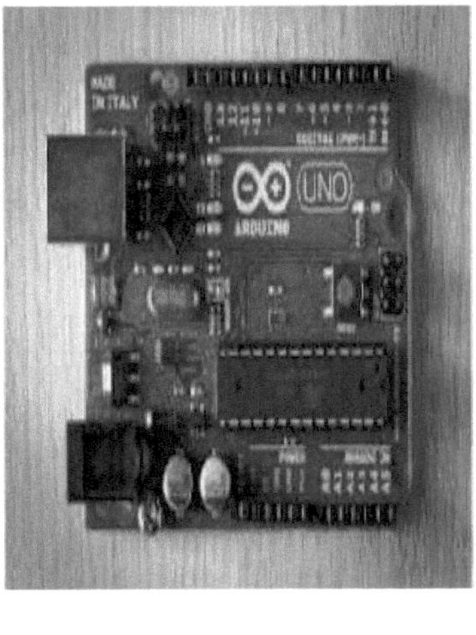

Parte do sensor robótico

Peça de computador

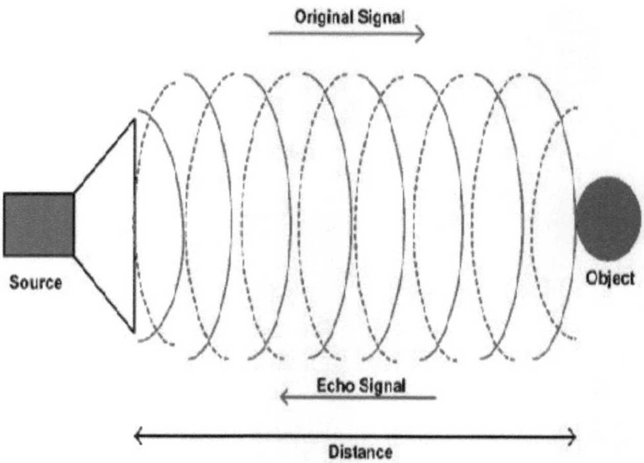

Sensor ultrassónico

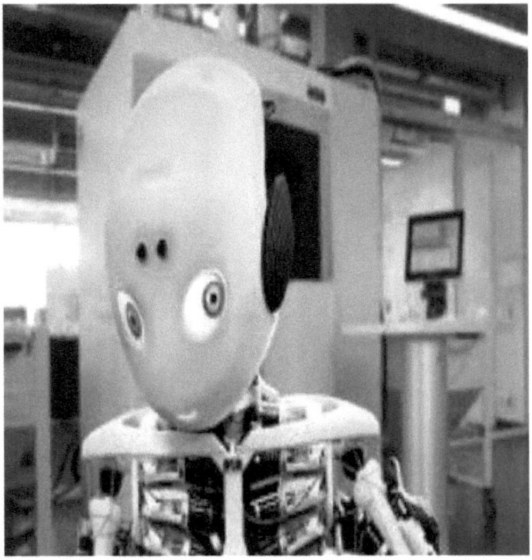

Robô

■ Super robótica

sensor de água

'' **Robótica**

■ A robótica contrasta com outros ramos em domínios razoavelmente novos da engenharia em diferentes ramos ocupados no desenvolvimento da robótica é

■ Engenharia mecânica

■ Engenharia eléctrica

P. Engenharia informática

■ A engenharia mecânica ocupa-se das máquinas e das estruturas dos robots

■ A engenharia eléctrica trata do controlo e da inteligência (deteção) dos robôs

■ A engenharia informática ocupa-se do desenvolvimento de movimentos e da observação de robôs

■ **Tipos de classificação**

■ Nível simples de robots

■ Estas máquinas automáticas, que não contêm circuitos complexos, são desenvolvidas apenas para alargar o potencial humano, por exemplo, a máquina de lavar roupa

■ **Nível médio de robots**

■ Estes robots são programados mas nunca são re-programados

■ **Nível complexo de robots**

■ Estes robôs contêm um circuito básico de sensores e podem executar várias tarefas

■ Por exemplo, uma máquina de lavar roupa totalmente automática é um robô de nível complexo

■ Estes robots são programados e reprogramados e têm uma configuração complexa.

■ **Tipos de robots**

■ A robótica é uma área de interesse de investigação para os seres humanos há mais de centenas de anos. Por outro lado, a nossa perceção dos robôs é influenciada pelos media e pelo cinema.

■ **Espaço exterior**

■ Os braços robóticos são utilizados para controlar os seres humanos empregados para descarregar o acoplamento do vaivém espacial em várias estações espaciais.

■ **Robô doméstico inteligente**

■ Os sistemas robóticos são utilizados para examinar a segurança das casas, as circunstâncias ecológicas e os concursos de energia

■ Explorações robóticas podem entrar no ambiente são prejudiciais para os seres humanos

■ Os robôs militares, robôs voadores, drones são utilizados e empregados para transmitir petróleo, balas, bombas e limpar campos de minas.

■ **Utilizar quintas e campos agrícolas**

■ A robótica é utilizada pelas ceifeiras para cortar e recolher as colheitas, pela robótica nas explorações leiteiras

■ Robôs médicos utilizados para robôs de tratamento cirúrgico.

■ Os robôs espaciais são utilizados na estação espacial internacional, juntamente com os rovers de Marte e Adyta, utilizados na missão lunar **Chanderyaan 1, que** se dedica à exploração espacial e a outras actividades.

■ **Concursos de robótica**

■ Criar pelos alunos robôs Sumo-bolts preparados apenas para aprender de forma divertida e com robôs.

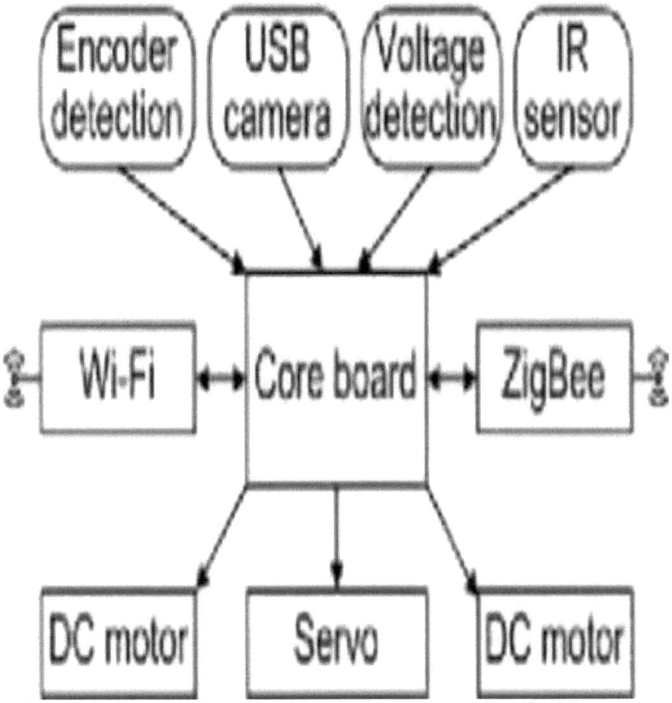

■ Parte da utilização da robótica para a Inteligência Artificial

Capítulo 2

Máquina inteligente

As máquinas inteligentes estão a ser utilizadas para executar, passando do sistema numérico convencional, juntando essas dimensões, e criamos uma matriz na qual podemos colocar todas as tecnologias multidimensionais, designadas por "máquinas inteligentes".

Banco móvel inteligente

Banca móvel

■ Aplicação do drone

■ Drone 1

Drone 2

■ **TipoUAV**

Um MQ-9 Reaper da General Atomics, um UAV de vigilância caçador-assassino

Embora a maioria dos UAVs militares sejam aeronaves de asa fixa, também são utilizados projectos de aeronaves de asa rotativa (ou seja, RUAVs), como este MQ-8B Fire Scout.

Aeronaves versáteis não tripuladas
(originalmente um Pipistrel Sinus de 2 lugares)

Um quadcopter UAV DJI Phantom para fotografia aérea comercial e recreativa

Um MQ-9 Reaper da General Atomics, um UAV de vigilância caçador-assassino

Embora a maioria dos UAVs militares sejam fixos

1 Tecnologia de drones

- **Os drones autónomos começaram a transformar várias áreas de aplicação, uma vez que podem voar para além da linha de visão (BVLOS), enquanto a maximização da produção pode reduzir o custo do drone**
- **O drone pode ser utilizado como força de trabalho humana em tempos de pandemia, missão relacionada com o consumidor, como a entrega de encomendas.**
- O drone é utilizado para cartografar digitalmente a margem do rio, a floresta, os terrenos estéreis e a zona de inundação para desenvolver uma estratégia de gestão das inundações.
- Os drones são utilizados na guerra para destruir acampamentos terroristas e campos de guerra, obtendo os melhores resultados com ataques inteligentes por satélite.

- O drone é utilizado para transportar passageiros nas cidades metropolitanas com recurso à Inteligência Artificial e à Nova Tecnologia.
- A tecnologia dos drones é utilizada para monitorizar a poluição dos rios, prever a chuva e monitorizar a poluição do ar na atmosfera inferior e superior.
- Drone utilizado para observar a rede de energia eléctrica para procurar o aquecimento térmico do fio do cabo.
- Os drones são utilizados para trabalhos construtivos e destrutivos, como os utilizados para espiar as instalações de defesa do inimigo. E o inimigo espiava as nossas instalações de defesa.
- Assim, a inteligência artificial dos drones tem efeitos positivos e negativos, pelo que é necessário tempo para se desenvolver e impedir a utilização de drones técnicos invulgares.
- Esta tecnologia de drones é utilizada para monitorizar obras civis como pontes, barragens de grandes dimensões e edifícios mais altos.
- Diferentes tipos de drones e suas especificações
- Tais como (Drone multirotor de asa fixa, etc.) o grau de autonomia, o tamanho e o peso, e a fonte de energia. Esta especificação é utilizada no Drone.
- Como a capacidade de carga
- Duração máxima do voo
- Vários tipos de cargas úteis
- Para transportar encomendas, medicamentos e materiais de extinção de incêndios, bem como diferentes tipos de sensores, como câmaras, detectores e sensores meteriológicos, os drones têm de ser controlados por um determinado tipo de tecnologia de comunicação sem fios. A necessidade de frequência é necessária para o funcionamento do drone.
- Os submarinos movidos a energia nuclear já circulam pelos planetas, mas os cientistas pretendem voar diretamente para o espaço num veículo espacial movido a energia nuclear. Os cientistas estão a planear um novo tipo de foguetões espaciais futuristas.
- Habitats espaciais
- Com o aumento da afluência de turistas ao espaço, é natural que surjam hotéis espaciais na órbita da Terra. As empresas privadas já estão a planear a criação de hotéis como o ISS.
- Em órbita entre 300 e 600 quilómetros acima da Terra, os turistas espaciais poderão desfrutar de uma nova vida, livre do cenário monótono da cidade, e apreciar a vista celestial dos corpos celestes.

H **UAVS**

- Um veículo aéreo não tripulado (UAV) ou **veículo aéreo não tripulado**, vulgarmente conhecido como drone. É um tipo de aeronave que voa sem piloto, tripulação ou passageiros a bordo? É controlado por um controlador em terra e por um sistema de comunicações com o UAV.
- Os UAV podem funcionar através do controlo remoto por um operador humano, conhecido como aeronave pilotada remotamente (RPA), com vários graus de autonomia, como a assistência por piloto automático, até à aeronave totalmente autónoma.
- Os UAV foram originalmente desenvolvidos ao longo do século XX para missões militares demasiado "monótonas", sujas ou perigosas, melhoradas e com custos que permitiam a sua rápida utilização para fins militares.

Jl Questão ética da utilização do drone

- Os drones militares são utilizados para diversos fins, como o reconhecimento, a vigilância, a deteção remota, os ataques armados e a guerra, a monitorização e designação de alvos e a eliminação de alvos designados. Primeiro, localizar, identificar o alvo e causar danos colaterais associados ao drone
- As questões éticas surgem como resultado da interação entre a forma como o drone é utilizado pelo utilizador e a forma como este utiliza o drone. Assim, todos os resultados são obtidos através da sua intenção de envolver o raciocínio instrumental e utilizados para estabelecer um objetivo para o drone, como a vigilância.
- A IA e a robótica são tecnologias de IA que parecem ser da maior importância para o

desenvolvimento da Humanidade no seu futuro. Também desafiam a visão humana da Humanidade como a única ferramenta inteligente e dominante desenvolvida pelo Homem.

Capítulo 3

"Pensar sobre o pensamento "Tecnologias emergentes

- **Mudar a forma como vivemos, trabalhamos e nos divertimos**
- As novas tecnologias afectam o governo através de novos desenvolvimentos que influenciam os decisores, o governo fornece normas e regulamentos para a tecnologia. Por último, o governo afecta os indivíduos através da política e da legislação, e os indivíduos através da política exigiriam do governo novas regulamentações compatíveis com a evolução das circunstâncias. O ambiente é uma camada subjacente que dá os "limites planetários" às interações mencionadas.

Capítulo 4

"Adotar tecnologias emergentes"

- **Tecnologia de emissões zero**
- Tecnologias emergentes cujo desenvolvimento, aplicações práticas, ou ambos, ainda estão em grande parte por realizar, de tal forma que ainda estão em grande parte por realizar, tornando-se proeminentes a partir de um fundo de inexistência
- Os actuais motores de transporte (por exemplo, gasolina/diesel/jato) libertam muita energia residual
- A energia desperdiçada é utilizada para aquecer os veículos (frio/clima), para o condicionamento de energia (regiões quentes) ou para sistemas auxiliares (ambiente do equipamento). Assim, os veículos electrónicos são muito mais eficientes - pouco calor residual.
- Capacidade da bateria necessária para maximizar a produção de eletricidade a partir de energia térmica 30% eficiente
- Produção de energia com emissões zero
- Novas tecnologias energéticas do portal para a formação de investigadores interdisciplinares
- PME de alta tecnologia
- Participantes do FET pela primeira vez.
- Capaz de desenvolver o potencial de mercado das novas tecnologias
- Geração de energia dos interessados

A luz solar utiliza tecnologia verde

Uso da bomba de luz solar para áreas remotas para uma boa colheita

Bomba de água solar

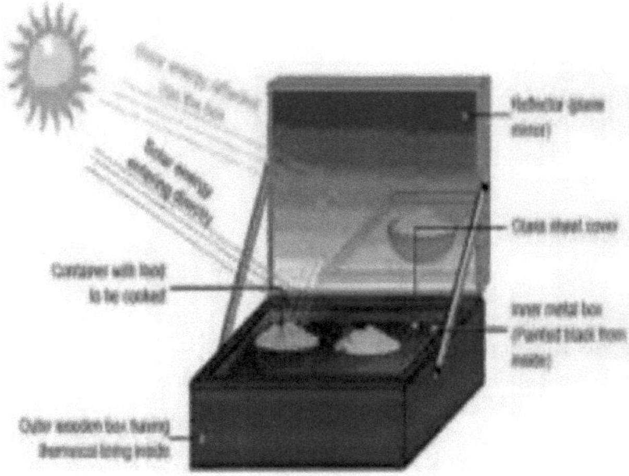

Utilização da luz solar para cozinhar alimentos
5ожсЬlосй

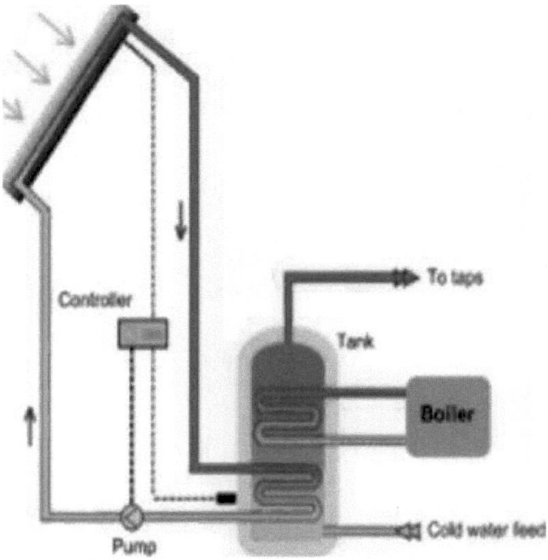

Utilização de aquecedor solar de água em casa

Mini projeto hidroelétrico em barragens de controlo

O sensor de gás detecta diferentes tipos de gás

Capítulo 5

"Preparar os futuros conceitos de máquinas inteligentes"

Máquina inteligente para o futuro para o bem-estar e facilidade da sociedade. A sociedade enfrenta diferentes problemas, como saúde, transporte, casa, comunicação e alimentos e frutas. Eles dão através de uma gestão adequada e IA.

P. Energia inteligente

P. Reunião inteligente

Monitorização e controlo da rede de resposta à procura e gestão da procura

P. Edifício inteligente

P. Controlo da luz

- Eficiência energética
- Controlo de ocupação de segurança

P. Transporte inteligente

- Veículo para tudo
- Aplicação móvel
- Controlo do tráfego
- Controlo integrado

" Água inteligente

- Controlo remoto e previsão da gestão da pressão
- Plano integrado de gestão da água
- Conservação da água

" Educação inteligente "i Gestão inteligente

- Gestão de resíduos

" Gestão de águas residuais

- Limpeza da cidade
- Rastreio de resíduos
- Segurança física inteligente / videovigilância comunicação sem sentido durante catástrofes naturais ou provocadas pelo homem.
- Cuidados de saúde inteligentes
- Saneamento adequado
- Controlo e atenuação de doenças cuidados de saúde ao domicílio e à distância, incluindo monitorização educação inteligente
- Aprendizagem flexível num ambiente de aprendizagem interativo
- Aceder a conteúdos digitais de craveira mundial Curso em linha aberto e massivo
- **Banco inteligente**
- Sistema bancário inteligente do que as mulheres e que a afinidade técnica tem uma influência positiva na intenção de utilização geral.
- A utilização de dispositivos técnicos é mais propícia à aceitação de novas aplicações bancárias electrónicas.
- Usar Al para cartão de crédito. Micro Empréstimo

Aquecedor solar de água e fogão solar

Bomba de água solar

Luz solar e carregador solar utilizados para carregar

Utilização de bombas de água solares numa aldeia inteligente

- **Conceito de sala de aula inteligente para a escola**
- Projeto de investigação e desenvolvimento sobre o conceito de sala de aula inteligente
- Combinando a pedagogia empresarial, o ensino colaborativo e as mais recentes ferramentas tecnológicas de ensino para criar um ambiente educativo moderno e eficaz, são três os temas principais do conceito de sala de aula inteligente: pedagogia inteligente, espaço de aprendizagem inteligente e soluções de ensino inteligentes.
- O professor aprende o modo reprodutivo o professor ensina o conceito ao aluno pode dar a sua ideia modo independente de aprendizagem atividade educativa reprodutiva.
- O aprendente cria conhecimento e recebe conhecimento se considerarmos uma TIC grande armazém de conhecimento para ter acesso ao conhecimento.
- O programa de formação de professores inclui muitas tecnologias, como a utilização de projetor, TV LED, Internet e multimédia, que são utilizadas na sala de aula.
- Assim, é necessário tempo para utilizar a tecnologia como fator económico, tarefa de aprendizagem e disponibilidade acessível ao utilizador.
- Disponibilidade e acessibilidade da utilização da tecnologia na educação.
- Tecnologias baseadas na informação As TIC proporcionam efetivamente a teleconferência, a colaboração e a interação e a aprendizagem em colaboração
- **Utilização da RMA**
- O OMR (Optical Mark Reader) permite obter resultados mais rapidamente e recolher informações com grande rapidez. As TIC têm muitas potencialidades, pelo que a utilização de tecnologias
- WWW. Relativamente ao copy write rigoroso para recursos éticos. Normas permissíveis e não permissíveis.
- Como utilizar as tecnologias. Há certas competências. Utilizar as tecnologias de aprendizagem na Web comuns a todos como preferir programas multimédia, utilizar as tecnologias para o aprendente. Como avaliar a informação que se aprende a utilizar as tecnologias.
- O conceito de tecnologias de aprendizagem para o programa de conceito de professor é mais confortável para o conceito de utilização de tecnologias no conceito de sala de aula inteligente.
- **IA e humanos**
- O corpo humano só exibe tais emoções e paixões quando há vida nele. Mas os nossos biólogos têm dificuldade em adivinhar a presença de elementos superiores no corpo humano, para além da matéria inerte. É por causa do seu apego ao materialismo. No mecanismo do corpo, tudo o que produz a vida?
- Muitos afirmam que, com a inteligência artificial, um robot pode agir da mesma forma que os seres humanos. Mas será que esta afirmação tem realmente fundamento?

- Os robôs dotados de inteligência artificial têm emoções?
- Certamente que não. Se ele se ri, é um software interno que o leva a produzir o som e a expressão mecânica da fome, e é um ser vivo consciente, uma pessoa que o apresenta para reagir da forma prescrita que deseja. Um ser mental consciente controla tudo em última análise. A matéria é inerte, sem brilho, desprovida de liberdade, de sentimentos, de sensações, de emoções; é um império completamente diferente, que permanecerá sempre bloqueado em relação às máquinas.
- **A água pura vem da natureza através do ciclo da água**
- Os humanos, muito orgulhosos da sua máquina moderna ou das suas novas tecnologias, são incumbidos da tarefa. A sua primeira tarefa seria filtrar uma enorme massa de água salgada dos oceanos, para obter milhares de milhões de litros de água doce sem um único fragmento de sal, e depois as questões da irrigação. Seriam necessários milhões de quilómetros de condutas de água para transportar água de diferentes continentes e milhões de bombas para irrigar planícies, campos e florestas, incluindo milhares e milhares de quilómetros quadrados.
- Através da nossa natureza, tudo acontece de forma suave e super planeada, ao longo de todo o ano, em ciclos sazonais regulares. Milhares de milhões de litros de água são filtrados e retirados da água salgada do oceano, à medida que o calor infravermelho do Sol a aquece.
- As partículas de água, sob a forma de humidade do ar, acumulam-se no céu.
- Os aerossóis frios e pegajosos são uma forma de suspensão de partículas chamadas colóides. Quando as gotículas de nuvens se formam, em diferentes áreas, a uma determinada pressão atmosférica e temperatura, ocorre a precipitação - como se a uma determinada pressão atmosférica e temperatura, ocorre a precipitação - como se gotículas de pérolas caíssem do céu. Num curto período de apenas uma hora, com a explosão de nuvens, milhares de quilómetros quadrados em todo o mundo, incluindo enormes montanhas e florestas, são irrigados.
- Os cientistas que até agora tentaram provocar nuvens artificialmente compreenderam bem os factos - um processo complexo que envolve a administração de grandes quantidades de produtos químicos, ácidos diferentes dos utilizados nos aviões - e provocaram pouca precipitação, mas os seus esforços foram sempre maléficos. Contribuíram muito mais para o aquecimento global do que para a criação de vegetação verde.
- A tecnologia da informação é uma ferramenta importante para alcançar a sustentabilidade e uma boa tecnologia de queixas precisa de ser apoiada por um ambiente político favorável.
- O contexto das cidades inteligentes na Índia pode ser articulado da seguinte forma.
- Uma cidade precisa de ser sustentável e tornar-se inteligente. A boa governação tem de ser armazenada, uma vez que é importante para alcançar a sustentabilidade e a boa sustentabilidade.

" **Cidade inteligente**

- Soluções para cidades inteligentes através de uma solução integrada de gestão de resíduos sólidos
- "Uma cidade inteligente e sustentável é uma cidade inovadora que utiliza as tecnologias da informação e da comunicação (TICS) e outros meios para melhorar a qualidade de vida, a eficiência das operações e serviços urbanos e a competitividade, assegurando simultaneamente que cumpre
- **Conceito de aldeia inteligente e cidade inteligente**
- A aldeia inteligente da Índia tem a visão de Adrash Gram (aldeia-modelo), que promove o conceito de desenvolvimento rural integrado para ter impacto na maioria da população, como iniciativa principal através do desenvolvimento sustentável, fornecendo as necessidades básicas da aldeia, tais como

" Saneamento

- **Água potável segura**
- Estrada interna
- Plantação de árvores
- Conservação da água e comunicação digital e banca inteligente
- Unidade de cuidados de saúde.

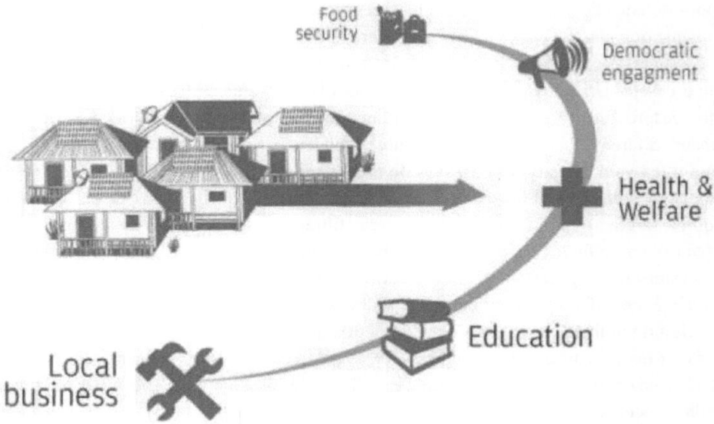

Conceito de aldeia inteligente

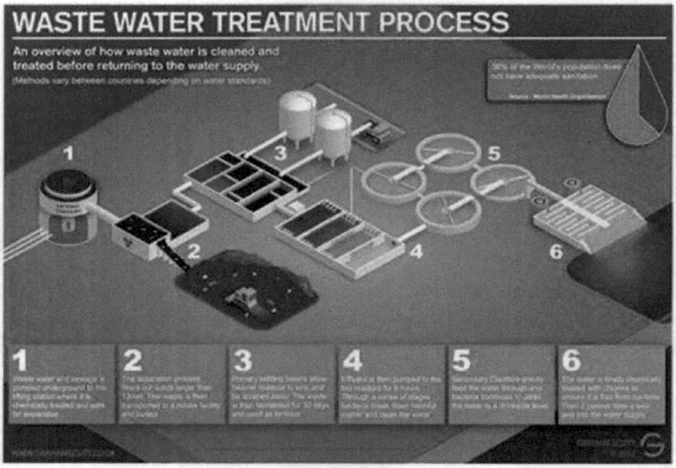

Tratamento de águas da estação de tratamento de resíduos

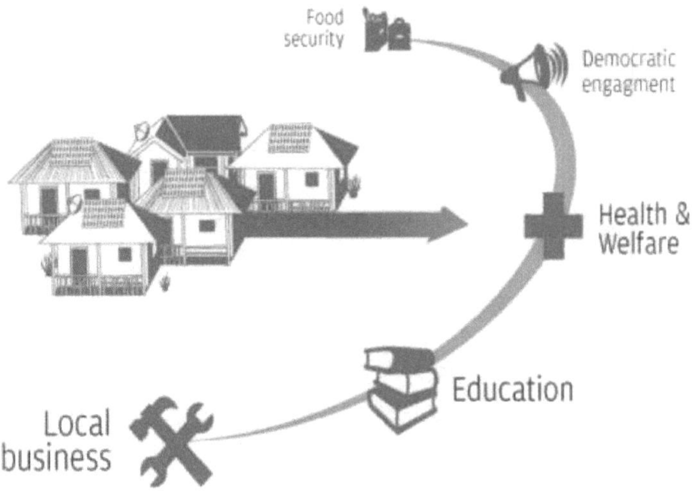

■ **Aldeia inteligente que escolhe o bem-estar da sociedade**

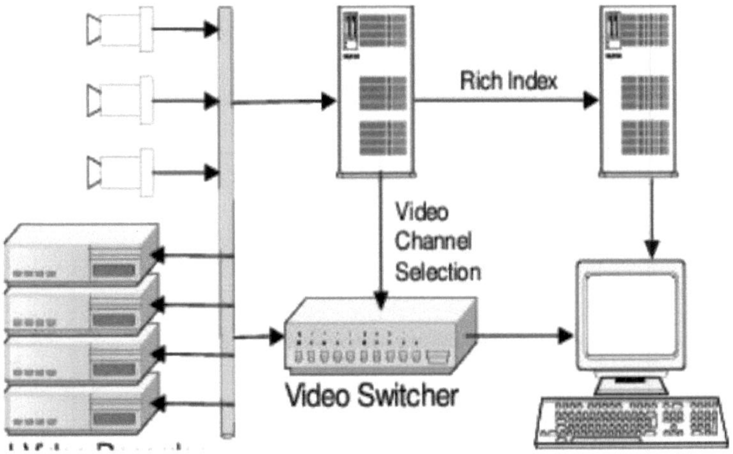

Partes do sistema de vigilância inteligente
Sistema de vigilância inteligente

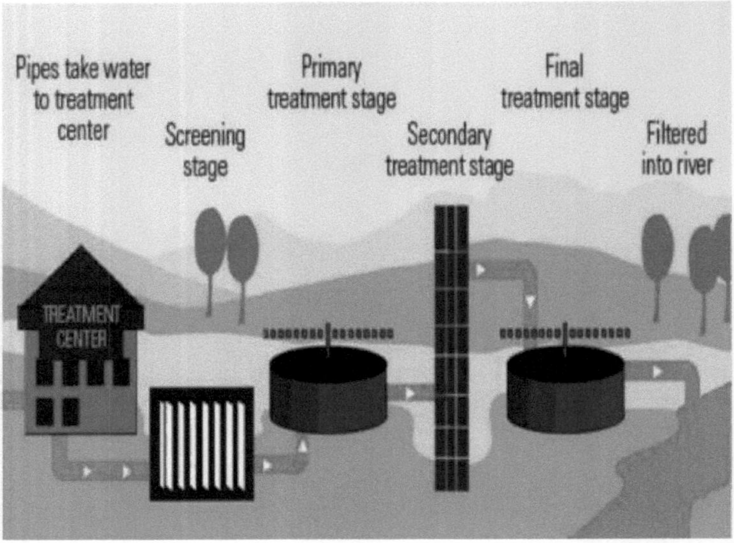

■ Tratamento de águas residuais

- **Gestão de resíduos**
- A gestão de resíduos é um dos serviços essenciais básicos prestados pelas autoridades municipais rurais e urbanas para manter a aldeia e a cidade limpas. No entanto, este é um dos serviços mais mal prestados no Basket. Os resíduos estão espalhados por todo o lado, o que leva a condições de vida pouco higiénicas.
- As nações do mundo podem gerar lixo, mas não sabem o que fazem com o lixo.
- Os resíduos/lixo podem ser reutilizados através da reciclagem e reduzidos. A eliminação ineficaz ou irresponsável de resíduos pode poluir o ambiente e constituir um risco para a saúde pública.
- Os actuais métodos de eliminação de resíduos ameaçam a nossa saúde humana, a segurança da nossa saúde fluvial e o ambiente e representam custos adicionais diretos e indirectos para a sociedade. Afinal de contas, os resíduos estão nos olhos de quem os vê. O lixo de uma pessoa é o tesouro de outra. Se olharmos realmente para as coisas que estamos a deitar fora. Podemos aprender a vê-las como resíduos que podem ser reutilizados.
- A alternativa para a gestão de resíduos começa a explorar os recursos do nosso lixo. Assim, as pessoas decidem-se a utilizar o lixo para fins positivos. As pessoas podem gerar ideias para conservar os recursos e satisfazer a necessidade humana de ter ideias criativas. Assim, é possível reduzir as fontes pontuais.
- Palavra-chave:-**Gestão** de resíduos**, Reciclar, Reduzir, Ideia inovadora.**

Riqueza dos resíduos através da agricultura biológica

Capítulo 6

Gestão de resíduos para o conceito de cidade inteligente

[P]. **Introdução**

■ Todas as nações do mundo geram **lixo** e nós não sabemos o que fazem com o lixo. O lixo pode ser reutilizado através da reciclagem. Uma eliminação eficaz ou irresponsável dos resíduos pode poluir o ambiente e representar um risco para a saúde pública. Os cidadãos das nações estão a descobrir que não existe uma forma fácil de se livrarem do lixo que outrora

■ **Utilização da inteligência artificial pelas cidades inteligentes**

■ Uma cidade inteligente é uma área urbana que utiliza diferentes tipos de sensores electrónicos da Internet das coisas da Telecom local para recolher dados e gerir bens e recursos de forma eficiente. Isto inclui dados recolhidos de cidadãos, dispositivos e bens que são processados e analisados para monitorizar e gerir o controlo de tráfego e o sistema de transportes, centrais eléctricas, abastecimento de água, gestão de águas residuais e deteção de crimes.

■ As cidades inteligentes são progressistas, viradas para o futuro e eficientes em termos de recursos, proporcionando simultaneamente uma elevada qualidade de vida. Promovem inovações sociais e tecnológicas e ligam as infra-estruturas existentes; incorporam novos conceitos de energia limpa, tráfego e transportes e não prejudicam o ambiente. Para que as cidades se tornem inteligentes, é necessário tomar decisões inteligentes a nível estratégico. As cidades inteligentes enfrentam com determinação os actuais desafios globais, como as alterações climáticas e a escassez de recursos. A competitividade económica e a qualidade de vida da população urbana estão em constante crescimento.

■ **Lista de quatro factores que contribuem para a definição de cidade inteligente.**

■ A aplicação de uma vasta gama de tecnologias electrónicas e digitais à comunicação e às cidades.

■ A utilização das TIC para transformar a vida e o ambiente de trabalho na região

■ Incorporação dessas tecnologias de informação e comunicação (TICS) nos sistemas governamentais.

■ A territorialização das práticas que reúne as TIC e as pessoas para melhorar a inovação e o conhecimento que oferecem.

■ A cidade inteligente radica na implementação de tecnologias de informação e comunicação de fácil utilização, desenvolvidas pelas principais indústrias para os espaços urbanos, e o seu significado está relacionado com o futuro das cidades e o seu desenvolvimento.

■ As alterações climáticas são uma das questões mais prementes com que nos confrontamos atualmente As emissões de CO_2 devem ser reduzidas nas próximas décadas, embora seja necessário tomar medidas para o aquecimento global, as inundações e as vagas de calor prolongadas, as cidades são responsáveis por cerca de três quartos das emissões de gases com efeito de estufa em todo o mundo, que são responsáveis por grandes poluentes, e são também chamadas a encontrar soluções possíveis.

■ **Energia e ambiente:-**

■ A redução do consumo de energia e de matérias-primas e a gestão de recursos com vista ao futuro são algumas das principais preocupações das cidades. Uma cidade inteligente, com sistemas inteligentes de unidades de eliminação de águas residuais, é tão importante como as mudanças orientadas para os processos, o desenvolvimento tecnológico, como a energia, a mobilidade e as infra-estruturas.

■ **Mobilidade inteligente**

■ Mobilidade inteligente significa tráfego inovador e infra-estruturas inteligentes que poupam recursos e se baseiam em novas tecnologias para obter a máxima eficiência. Instalações de fácil utilização facilitarão a mudança para um sistema integrado de transportes centrado num sistema de mobilidade de transportes respeitador do ambiente

■ **Governação inteligente**

- Os governos inteligentes promovem mudanças nos processos de governação e coordenação e nos processos de planeamento com a administração, incentivando a cooperação entre as organizações municipais.

" **Sociedade**

- Tornar a cidade inteligente uma realidade, o principal objetivo
- As cidades inteligentes utilizam novas tecnologias, como WIFI e Internet das coisas, para tornar a vida mais fácil e confortável.
- E tornar as cidades mais ecológicas, mais seguras e mais eficientes, ligando dispositivos, veículos e infra-estruturas em toda a cidade, o governo e os seus padrões podem reduzir o consumo de energia e de água, manter as pessoas em movimento de forma eficiente e melhorar a segurança e a qualidade de vida.
- Nas cidades inteligentes, muitas partes interessadas devem trabalhar em conjunto para fornecer as melhores soluções tecnológicas, operadores de rede, serviços geridos, todos têm um papel a desempenhar na colaboração com os governos para permitir soluções para cidades inteligentes.
- Plataforma que é continuamente reutilizada e reimaginada para novas tecnologias, novos serviços e aplicações.
- **Resultados do conceito de aldeia inteligente e de cidade inteligente**

"i Energia inteligente

"i Reunião inteligente

- Procura e resposta e gestão da procura
- Produção de distribuição, monitorização e controlo da rede.

"i Edifícios inteligentes

"i Controlo da luz

- Controlo do aquecimento
- Eficiência energética
- Produção local de energia

"i Transportes inteligentes

- Veículo para -tudo
- Gestão do comportamento dos condutores
- Aplicações móveis
- Monitorização e controlo do tráfego e da frota
- Transportes públicos integrados

" Gestão inteligente da água

- Gestão da pressão
- Controlo remoto e manutenção preditiva

" Mantenedores

- Gestão da água
- Conservação e eficiência da água
- Gestão inteligente de resíduos
- Gestão de águas residuais
- Tratamento de águas residuais
- Limpeza e saneamento da cidade
- Triagem de resíduos
- Rastreio de resíduos
- Segurança física inteligente
- **Vigilância por vídeo e análise de vídeo**
- Comunicação durante catástrofes naturais e de origem humana
- Cuidados de saúde inteligentes
- Saneamento adequado
- Controlo e atenuação de doenças

"i Hospital inteligente

■ Hospital móvel para os habitantes da aldeia

■ Cuidados de saúde ao domicílio e à distância, incluindo monitorização

■ **Educação inteligente**

■ Aprendizagem flexível num ambiente de aprendizagem interativo de acordo com conteúdos digitais de classe mundial em linha utilizando tecnologias de colaboração

■ **Curso massivo aberto em linha (MODC).**

■ O Smart Village pode aproveitar o poder transformador do acesso à energia moderna, juntamente com a aplicação inovadora de tecnologias para utilizar essa energia, para ajudar as pessoas nos países em desenvolvimento em aldeias e comunidades rurais.

■ Para tornar a aldeia "inteligente" e sustentável, a energia também deve ser utilizada para melhorar os rendimentos e os meios de subsistência. As "utilizações produtivas da energia" são formas de os indivíduos e as comunidades utilizarem a energia para fazer precisamente isso.

■ Alimentar a caraterização de telemóveis de pequenas empresas, centros comunitários de rádio ou estações de rádio. Irrigar para aumentar os rendimentos agrícolas.

■ **Micro-hídricas**

■ Utilizar as ribeiras locais para gerar eletricidade através do acionamento mecânico de um gerador, uma vez que os recursos hídricos em que a tecnologia se baseia são recursos partilhados, é particularmente importante ter um elevado grau de envolvimento da comunidade para um projeto micro-hídrico bem sucedido.

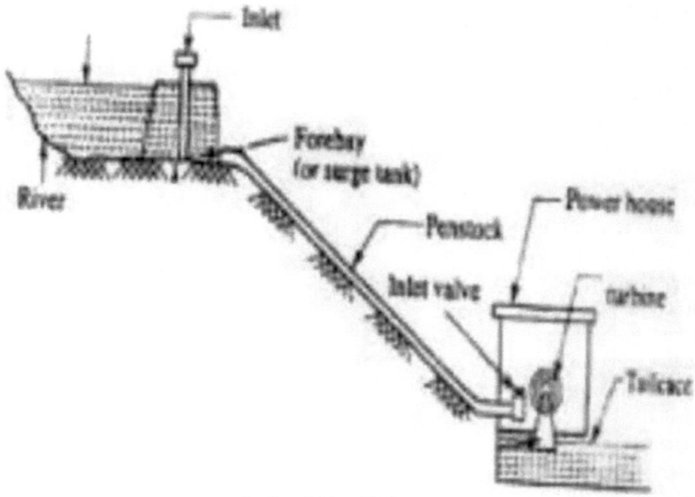

■

Projeto hidroelétrico

Projeto de mini-hídrica

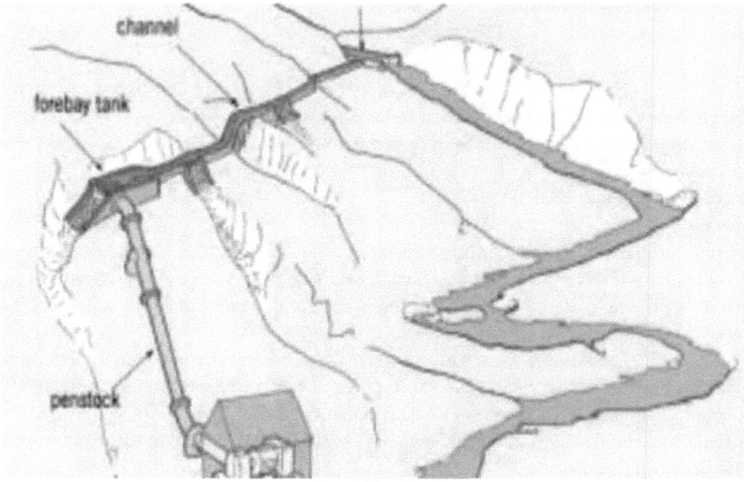

Projeto hidroelétrico

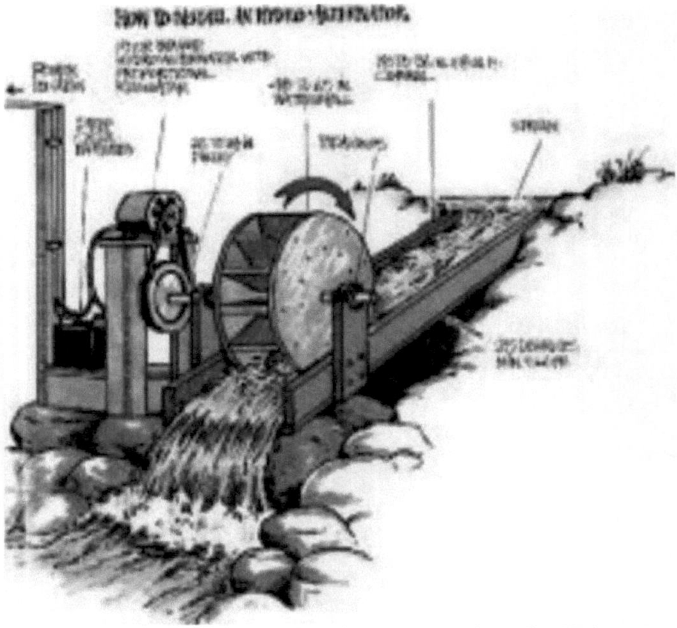

Fontes de energia limpa, como a luz solar e o projeto MicroHydro

- **Energia limpa a preços acessíveis para todas as aldeias inteligentes**
- Melhorar a igualdade de género; desenvolver a indústria de competências, a inovação
- e infra-estruturas
- Redução das desigualdades.

" **Conclusão**

- O termo inteligência refere-se à capacidade de adquirir e aplicar diferentes competências e conhecimentos para resolver problemas. A inteligência está integrada em várias funções cognitivas, tais como a linguagem, a atenção, o planeamento, a memória, a perceção e a inteligência humana e artificial.
- As aldeias inteligentes são necessárias para o desenvolvimento tanto rural como urbano. A tecnologia da informação oferecerá uma solução eficaz. A utilização bem sucedida das TIC/TI é um pilar inquebrável para apoiar todo o processo de desenvolvimento da aldeia.
- Assim, o conceito de aldeia inteligente tem um elevado potencial de replicação noutros países do mundo em desenvolvimento.
- As aldeias inteligentes são a necessidade do momento, uma vez que o desenvolvimento é necessário tanto para as zonas rurais como para as urbanas, para uma melhor subsistência.
- As tecnologias da informação oferecem uma solução eficaz para o desenvolvimento das aldeias, o que permite elevar o nível das raízes brutas do país,
- Acrescenta-se a isso o desenvolvimento global. O conceito de aldeia inteligente tem um elevado potencial de replicação noutros países do mundo em desenvolvimento.
- **Resultados da smart Village**
- Tecnologia para as zonas rurais
- Painel solar

P. Bio-gás

- Irrigação micro-hídrica e produção de energia
- Micro-eólica (turbina eléctrica)

- Fogão de cozinha solar
- Iluminação pública com LEDs

Motores de baixa potência e aparelhos e sistemas de corrente contínua.

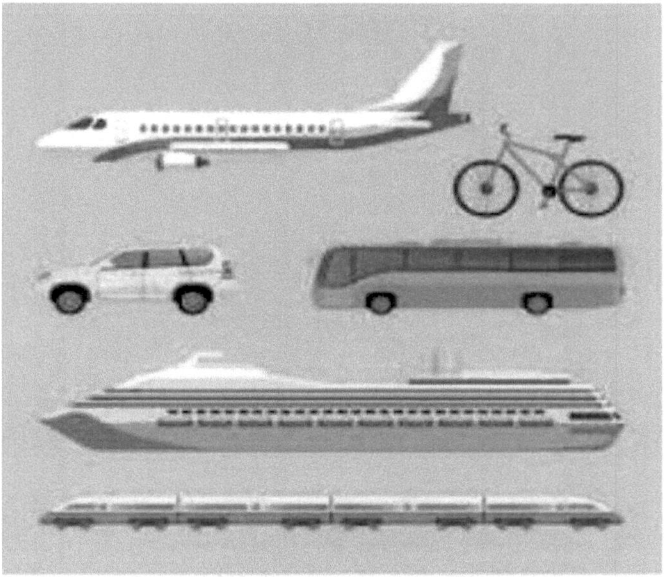

shutterstock.com • 541572736

Acesso inteligente através de transportes inteligentes com facilidade para a sociedade

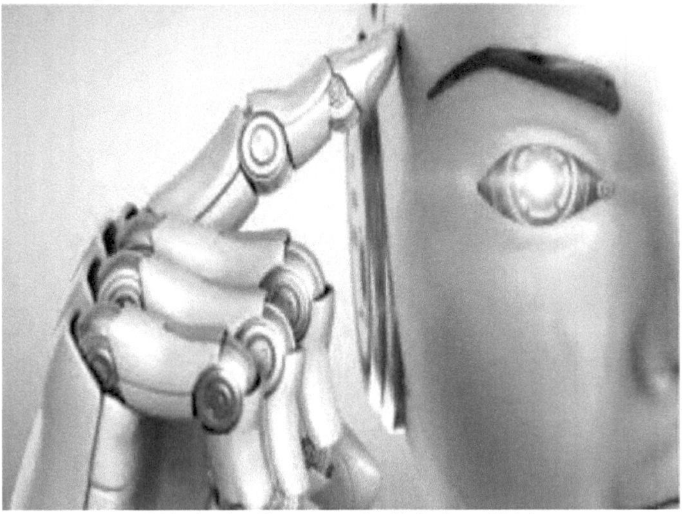

Máquina inteligente com inteligência artificial

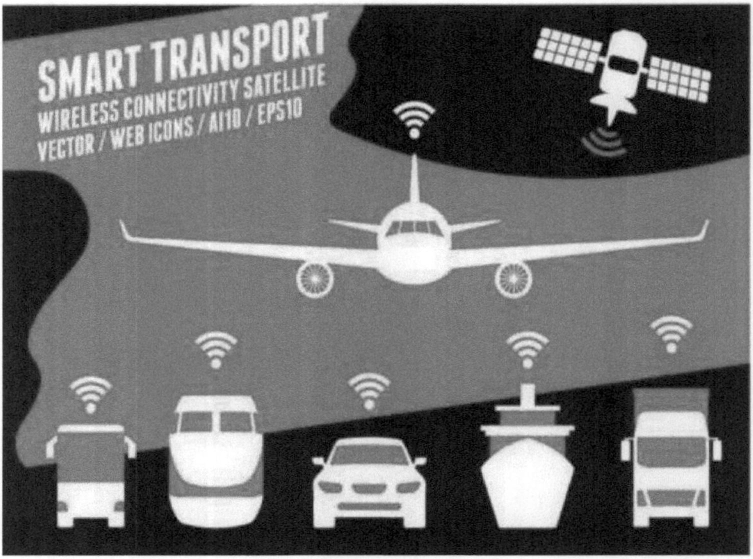

Modo de transporte inteligente

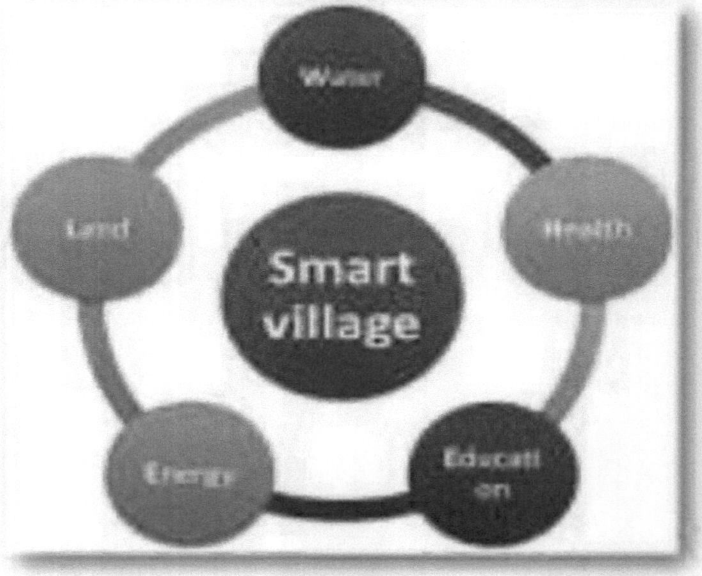

'' Aldeia inteligente

P. Guerra inteligente

Transporte aéreo inteligente para apoio logístico na zona fronteiriça

P. Avião inteligente

Sistema de vigilância inteligente da vedação das fronteiras

Rastreador G.P.S. inteligente

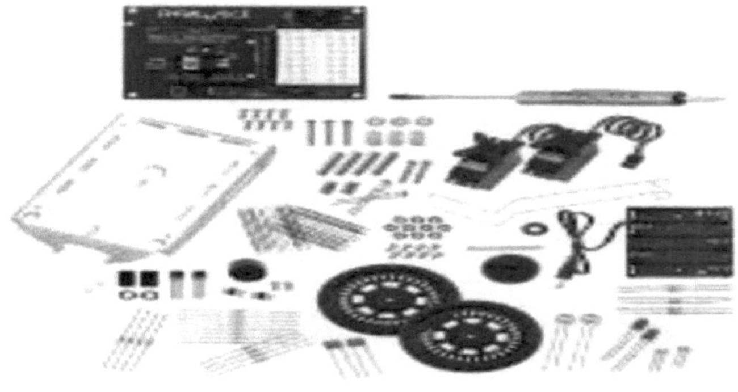

Câmara CCTV inteligente

Câmara CCTV com WIFI

- **Aldeia inteligente utiliza inteligência artificial**
- **Computação inteligente, inteligência artificial e aprendizagem automática**
- **Análise de grandes volumes de dados e comunicação em rede de métricas**
- **Cibersegurança processamento de imagem e sinal**

■ Avaliação da vulnerabilidade do filtro Web em matéria de cibersegurança

" E

■ mitigação de ataques segurança da informação governação segurança do software

■ Abordagem cognitiva de redes e automação industriais para robótica e sistemas autónomos industriais

■ Automação de edifícios com interface homem-máquina

■ Modo de transporte inteligente

■ A comunicação inteligente utiliza a tecnologia

■ "i Submarino inteligente

Rafael avião inteligente

Capítulo 7

Água potável e saneamento básico

- **Solução de água para a sociedade**
- Educar a população para mudar os hábitos de consumo e de vida.
- Inovar e conservar a água das fontes de água, como os aquíferos e a água da chuva, que são propensos à evaporação.
- A reciclagem de águas residuais diminui as importações de água e incentiva a autossuficiência nos países em desenvolvimento
- Agricultura e irrigação Cerca de 70 % da água doce do mundo é utilizada para a agricultura A melhoria das práticas agrícolas e de irrigação pode distribuir adequadamente água limpa para os seres humanos.
- Envolvimento global: o envolvimento global é a base para uma mudança duradoura a nível local e internacional.
- As mulheres são as mais afectadas pela qualidade da água potável. A crise da água, uma vez que se calcula que passem cerca de seis horas por dia a recolher água; este tempo poderia ser gasto na educação, na vida familiar e no trabalho.
- A água e os seus efeitos nocivos podem ser resolvidos com uma solução de água limpa de topo 10

Capítulo 8

Utilização da tecnologia de IA na agricultura

Aplicação da tecnologia dos drones

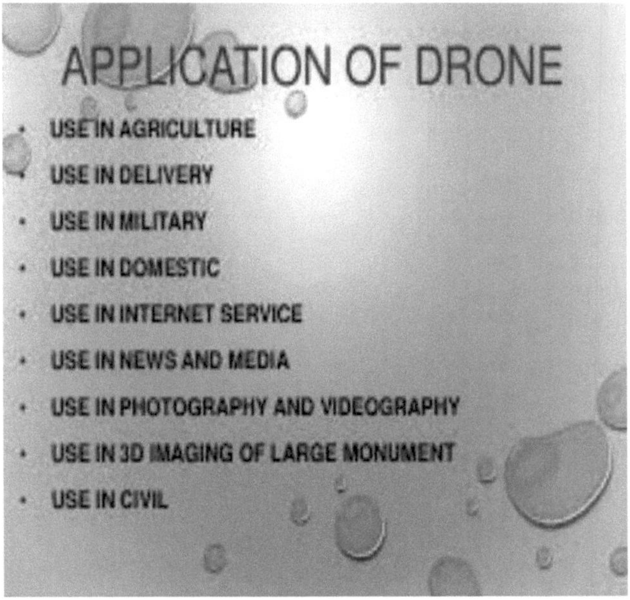

■ 

■ Aplicações da tecnologia dos drones, como o transporte de bagagens, a agricultura, a segurança contra incêndios, a espionagem e a proteção das fronteiras.

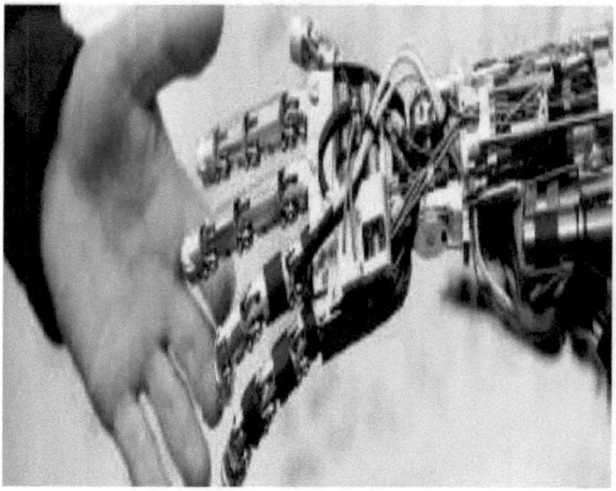

Robótica

Inteligência Artificial

- **Utilização da tecnologia de IA no espaço**
- As naves espaciais modernas, como o vaivém, ou uma estação espacial, como a ISS, ou um satélite a flutuar no espaço, são consideradas o auge da realização humana. Mas será que podemos sequer medir a inteligência que trouxe à existência o planeta Terra movendo-se no espaço vazio.
- O homem será enviado para o planeta vermelho, Marte, em 2020 ou posteriormente. Uma nave espacial moderna demorará 1000 dias ou dois anos e meio a viajar até Marte e a regressar à Terra. Esta expedição abre possibilidades para futuras viagens interplanetárias regulares da humanidade.
- **Nave espacial nuclear**
- Os submarinos movidos a energia nuclear já andam à volta dos planetas. Mas o cientista está a tentar voar diretamente para o espaço profundo com um veículo espacial movido a energia nuclear.
- Um cientista está a planear um novo tipo de foguetões espaciais futuristas. Controlados por partículas subatómicas, como anti-hidrogénios, anti-electrões ou "átomos de pós-trónio", darão um enorme impulso ao desenvolvimento da próxima geração de naves espaciais.
- **Campo de minas espacial**
- A humanidade está a esgotar muito rapidamente os recursos energéticos da Terra. O espaço exerce uma grande atração sobre os geólogos e os físicos, que começaram a observar o espaço como a futura fonte de energia e de minerais. Os asteróides, os planetas e os satélites planetários serão locais de futuras minas de combustível e de materiais valiosos como o ouro e a platina.
- **Utilização da tecnologia de IA na defesa/transporte**
- A NASA, numa empresa comum, está a conceber aeronaves da futura geração que voam mais depressa do que o som, ou seja, aeronaves hipersónicas que ultrapassam a velocidade do som em 5 a 10 vezes (5 Mach a 10 Mach). Esta velocidade, em termos científicos, é designada por hipersónica e ultrapassa a barreira da velocidade do som (1200 km por hora). Com uma estrutura integrada alimentada por um novo motor scramjet, estas máquinas demorarão apenas 30 minutos a chegar a Singapura a partir de Deli e 90 minutos a transportar passageiros de Deli para Nova Iorque (750 km).

Após o voo de ensaio do modelo LikeX-43A, os peritos estimam que o primeiro jato de scram estará no ar depois de 2025.

- O Comboio magnético hipersónico movido a eletromagnetismo vai correr sob o oceano a uma velocidade que traduzirá fantasia e não realidade. Este comboio magnético hipersónico, movido a eletromagnetismo.
- **Híbrido homem-máquina**
- A Inteligência Artificial é utilizada para tornar "inteligentes" robôs como as smartmachine. A memória e a inteligência humanas têm os seus limites; os cientistas estão a pensar em hibridar o Homem com a Máquina - por exemplo, dando poder de memória de computador ao Homem, colocando microchips em miniatura especialmente concebidos e eléctrodos no cérebro ou noutro limite. Assim, em vez de esperar milhares de milhões de anos pelo processo evolutivo natural, como eles acreditam, o Homem pode auto-evoluir, engrandecendo-o com tecnologia moderna através de Microchips.
- **Comboio magnético hipersónico**
- O comboio magnético hipersónico vai fazer uma demonstração no domínio das viagens ferroviárias. Movido pelo eletromagnetismo, percorrerá um túnel submarino sem ar situado no Atlântico para transportar passageiros a 8.000 km de distância em apenas 56 minutos.

ч **Tecnologia de drones**

- **Os drones autónomos começaram a transformar várias áreas de aplicação, uma vez que podem voar para além da linha de visão (BVLOS), enquanto a maximização da produção pode reduzir o custo do drone**
- **Os drones podem ser utilizados como força de trabalho humana em tempos de pandemia e em missões relacionadas com o consumo, como a entrega de encomendas.**
- O drone é utilizado para cartografar digitalmente a margem do rio, a floresta, os terrenos estéreis e a zona de inundação para desenvolver uma estratégia de gestão das inundações.
- Os drones são utilizados na guerra para destruir acampamentos terroristas e campos de guerra, obtendo os melhores resultados com ataques inteligentes por satélite.
- O drone é utilizado para transportar passageiros nas cidades metropolitanas com recurso à Inteligência Artificial e à Nova Tecnologia.
- A tecnologia dos drones é utilizada para monitorizar a poluição dos rios, prever a chuva e monitorizar a poluição do ar na atmosfera inferior e superior.
- Drone utilizado para observar a rede de energia eléctrica para procurar o aquecimento térmico do fio do cabo.
- Os drones são utilizados para trabalhos construtivos e destrutivos, como os utilizados para espiar as instalações de defesa do inimigo. E o inimigo espiava as nossas instalações de defesa.
- Assim, a inteligência artificial dos drones tem efeitos positivos e negativos, pelo que é necessário tempo para se desenvolver e impedir a utilização de drones técnicos invulgares.
- Esta tecnologia de drones é utilizada para monitorizar obras civis como pontes, barragens de grandes dimensões e edifícios mais altos.
- Diferentes tipos de drones e suas especificações
- Tais como (Drone multirotor de asa fixa, etc.) o grau de autonomia, o tamanho e o peso, e a fonte de energia. Esta especificação é utilizada no Drone.
- Como a capacidade de carga
- Duração máxima do voo
- Vários tipos de cargas úteis
- Para transportar encomendas, medicamentos e materiais de extinção de incêndios, bem como diferentes tipos de sensores, como câmaras, detectores e sensores meteriológicos, os drones têm de ser controlados por um determinado tipo de tecnologia de comunicação sem fios. A necessidade de frequência é necessária para o funcionamento do drone.
- Os submarinos movidos a energia nuclear já circulam pelos planetas, mas os cientistas pretendem

voar diretamente para o espaço num veículo espacial movido a energia nuclear. Os cientistas estão a planear um novo tipo de foguetões espaciais futuristas.

" Habitats espaciais

- Com o aumento da afluência de turistas ao espaço, é natural que surjam hotéis espaciais na órbita da Terra. As empresas privadas já estão a planear a criação de hotéis como o ISS.
- Em órbita entre 300 e 600 quilómetros acima da Terra, os turistas espaciais poderão desfrutar de uma nova vida, livre do cenário monótono da cidade, e apreciar a vista celestial dos corpos celestes.

" **UAVS**

- Um veículo aéreo não tripulado (UAV) ou **veículo aéreo não tripulado**, vulgarmente conhecido como drone. É um tipo de aeronave que voa sem piloto, tripulação ou passageiros a bordo? É controlado por um controlador em terra e por um sistema de comunicações com o UAV.
- Os UAV podem funcionar através do controlo remoto por um operador humano, conhecido como aeronave pilotada remotamente (RPA), com vários graus de autonomia, como a assistência por piloto automático, até à aeronave totalmente autónoma.
- Os UAV foram originalmente desenvolvidos ao longo do século XX para missões militares demasiado "monótonas", sujas ou perigosas, melhoradas e com custos que permitiam a sua rápida utilização para fins militares.

Jl Questão ética da utilização do drone

- Os drones militares são utilizados para diversos fins, como o reconhecimento, a vigilância, a deteção remota, os ataques armados e a guerra, a monitorização e designação de alvos e a eliminação de alvos designados. Primeiro, localizar, identificar o alvo e causar danos colaterais associados ao drone
- As questões éticas surgem como resultado da interação entre a forma como o drone é utilizado pelo utilizador e a forma como este utiliza o drone. Assim, todos os resultados são obtidos através da sua intenção de envolver o raciocínio instrumental e utilizados para estabelecer um objetivo para o drone, como a vigilância.
- A IA e a robótica são tecnologias de IA que parecem ser da maior importância para o desenvolvimento da Humanidade no seu futuro. Também desafiam a visão humana da Humanidade como a única ferramenta inteligente e dominante desenvolvida pelo Homem.

1 A questão ética decorre da utilidade e das consequências da IA e da robótica.

- 1. Privacidade, vigilância e manipulação
- 2. comportamento de manipulação
- 3. Opacidade e enviesamento do sistema de IA
- 4. interação com as máquinas
- 5. Engano e autenticidade
- 6.Care Robots
- 7. efeito da automatização no emprego

T Ética para a IA e a robótica

- Ética das máquinas
- Agente Moral Artificial
- Responsabilidade dos robots
- Direito dos robots
- Singularidade e super inteligência
- Risco existencial da super inteligência
- Controlar a super inteligência?

Jl **Princípio ético da IA**

- A norma de IA incorpora um princípio e, muitas vezes, é um princípio ou valor ético, segundo o qual o sistema de produtos de IA não deve causar danos e deve ser seguro para a sociedade.
- Estabelecer normas de segurança para os robots de cuidados pessoais. A gestão da qualidade,

como a ISO9001, deve ser introduzida em todos os sistemas de IA.

- Algumas tecnologias, como a energia nuclear, as armas biológicas, os automóveis inteligentes, os automóveis inteligentes de alta velocidade e os plásticos, suscitaram preocupações éticas e debates políticos e esforços políticos significativos para controlar a trajetória dessas tecnologias de IA.
- Preocupação ética com o novo desafio tecnológico nas normas e no sistema concetual actuais.
- As tecnologias de IA e robótica - e o receio mais fundamental de que possam pôr fim à era do controlo humano na Terra.
- A ética da IA e da robótica centra-se frequentemente em "preocupações" de vários tipos. Trata-se de uma reação típica às novas tecnologias; alguns estão previsivelmente errados quando sugerem que a tecnologia irá alterar fundamentalmente o comportamento humano.

Capítulo 9

Resultados positivos e negativos do Al

■ Aquecimento global: Uma bomba-relógio; pode o ser humano difundi-la? Tudo acontece devido à nova tecnologia.

■ "A atividade humana exerce uma pressão tal sobre as funções naturais da Terra que a capacidade do ecossistema do planeta para sustentar as gerações futuras já não pode ser considerada como garantida."

■ O ser humano está a danificar o planeta a um ritmo sem precedentes e a aumentar os riscos de um colapso abrupto da natureza, que pode provocar doenças, desflorestação ou zonas mortas no mar", refere o relatório de avaliação.

■ Para avaliar a situação do planeta no início do milénio, 95 países do mundo realizaram um estudo exaustivo do ecossistema, denominado "Avaliação do Ecossistema do Milénio"

■ **A nova tecnologia apela ao poder de destruição**

■ Devido à nova tecnologia e à inteligência artificial, a guerra na era espacial está a ser travada - o campo de batalha estende-se ao espaço.

■ As nossas despesas com a defesa aumentam todos os anos em milhares de milhões de dólares, enquanto **as despesas com milhões de dólares aumentam todos os anos em milhares de milhões de dólares.**

"i **Armas inteligentes**

■ As armas da próxima geração estão a tornar-se inteligentes - armas de fogo, canhões, mísseis, bombas inteligentes e motores de guerra, mais fortes e mais violentos, alargando os nossos limites.

■ **Armas de impulsos electromagnéticos**

■ A guerra moderna, baseada na crueldade, significa que todos os nossos ataques não são fáceis para qualquer consciência e misericórdia, destruindo a capacidade de combate.

■ Esta prática é indispensável para a sobrevivência. Isto inclui atingir e destruir as capacidades de combate e os estabelecimentos de apoio dos adversários em cada início de guerra. Os cientistas da defesa descobriram agora outra possibilidade de utilização da antimatéria. Estão a desenvolver armas de "impulsos electromagnéticos" alimentadas a antimatéria que podem fritar a rede de energia eléctrica e as redes de comunicação do inimigo.

" **Armas biológicas**

■ A investigação secreta permitiu aos biotécnicos desenvolver germes para matar em massa. Diferentes países nos mundos.

■ **Armas químicas**

■ Vários engenhos químicos estão prontos para provocar a morte e a devastação, como o lança-chamas que lança fogo diretamente e reduz o inimigo a cinzas, o gás nervoso que provoca a paralisia e a morte, o agente laranja que provoca a desfolha das plantas e priva os civis das colheitas; e muitas outras coisas semelhantes que não conhecemos. Estas são dádivas futuras que a nossa sociedade materialista preparou para oferecer à humanidade.

■ A guerra começa do céu para o espaço; a frente de onda está a expandir-se, com o "progresso" da civilização. Uma guerra futura significa uma guerra abrangente, cobrindo terra, oceano e espaço.

■

■ **Princípio ético para a IA**

■ A norma de IA incorpora um princípio e, muitas vezes, é um princípio ou valor ético, segundo o qual o sistema de produtos de IA não deve causar danos e deve ser seguro para a sociedade.

■ Estabelecer normas de segurança para os robots de cuidados pessoais. A gestão da qualidade, como a ISO9001, deve ser introduzida em todos os sistemas de IA.

■ Algumas tecnologias, como a energia nuclear, as armas biológicas, os automóveis inteligentes, os automóveis inteligentes de alta velocidade e os plásticos, suscitaram preocupações éticas e debates políticos e esforços políticos significativos para controlar a trajetória dessas tecnologias de IA.

- Preocupação ética com o novo desafio tecnológico nas normas e no sistema concetual actuais.
- As tecnologias de IA e robótica - e o receio mais fundamental de que possam pôr fim à era do controlo humano na Terra.
- A ética da IA e da robótica centra-se frequentemente em "preocupações" de vários tipos. Trata-se de uma reação típica às novas tecnologias; alguns estão previsivelmente errados quando sugerem que a tecnologia irá alterar fundamentalmente o comportamento humano.

P. **Conclusões**

- A narrativa do livro sobre inteligência artificial fornece-lhe informações e ferramentas para o mundo em crescimento da computação cognitiva, máquinas inteligentes, aprendizagem automática, aprendizagem profunda, linguagem natural, reconhecimento da fala, o teste de viragem, sistemas amplos e estreitos, e IA fraca e forte. A inteligência artificial (IA) está a ser alvo de grande entusiasmo e receio por parte dos robôs assassinos que dominam o mundo.
- O objetivo do livro é ajudar a compreender a IA para que possa ser naturalmente inteligente
- Aprendizagem profunda da IA. A aprendizagem automática e a rede neural representam técnicas baseadas na aprendizagem incrivelmente excitantes e poderosas, utilizadas para resolver problemas mundiais como a iliteracia, a saúde, a educação, os transportes, as alterações climáticas, a tecnologia verde e o conceito de cidade inteligente.
- Três componentes integrais da IA
- São 1 avaliação

"Previsão "i Interferência

- **A inteligência artificial (IA)**, a aprendizagem profunda, a aprendizagem automática e a rede neutra representam, de forma incrível e poderosa, a aprendizagem baseada na técnica utilizada para resolver problemas mundiais
- A inteligência artificial inclui máquinas inteligentes, como a tecnologia dos drones, a robótica, a impressora 3D, estas tecnologias são utilizadas para espionagem e defesa das fronteiras, e o termovisor é útil para a construção de vedações inteligentes nas fronteiras.
- Utilização da Inteligência Artificial para o conceito de cidade inteligente para a proposta de educação para todos, saneamento, água potável, gestão adequada dos resíduos, instalações de tratamento de águas residuais, transportes rápidos e cuidados de saúde para toda a sociedade
- O conceito de aldeia inteligente para uma melhor educação através do conceito de sala de aula inteligente pode utilizar o conceito de áudio e vídeo para interagir o aluno com o professor, desempenhando assim um papel vital no desenvolvimento e bem-estar da sociedade e no desenvolvimento social.
- Devido à utilização de novas tecnologias, o custo da educação pode diminuir, o que leva à utilização de dispositivos de IA para o desenvolvimento tecnológico
- A tecnologia transforma o desempenho do professor e transforma-o na sala de aula
- Inteligência Artificial realidade virtual atualização através da tecnologia
- A inteligência artificial melhora o nível de inteligência humana, ultrapassa as capacidades do ser humano para atingir o seu potencial máximo
- A capacidade de um computador digital ou de um robô controlado por computador realizar tarefas normalmente associadas a seres inteligentes.
- O facto de uma máquina realizar uma tarefa implica um certo grau de inteligência que, anteriormente, era difamado pelo ser humano
- **Professor évacilador de Tecnologia**
- A tecnologia torna a educação mais didática e divertida.
- A tecnologia pode aumentar o nível de confiança dos estudantes e melhorar a qualidade do ensino
- As novas tecnologias tornam o ensino mais flexível
- A capacidade da máquina para imitar o comportamento humano inteligente.
- Máquinas de IA fortes que podem pensar e executar tarefas por si próprias, tal como os seres humanos.

- As máquinas inteligentes serão um fator de perturbação digital porque têm efeitos positivos e negativos na sociedade.
- Utilizarão para o progresso do desenvolvimento da sociedade.
- A Inteligência Humana feita pela Inteligência Artificial
- A máquina inteligente é um dispositivo incorporado com tecnologias de computação máquina a máquina (M2M) ou cognitivas, como a Inteligência Artificial (IA) ou a aprendizagem profunda, que utiliza para raciocinar, resolver problemas e tomar decisões.
- Desvantagem da IA
- Perda potencial de emprego
- Não existe qualquer possibilidade de a IA ser segura para o ser humano
- A IA arranja outro emprego
- O computador e o ser humano incorporaram um modal
- Da automatização da IA à perda de emprego.
- A IA desenvolve o futuro mercado das máquinas inteligentes, as máquinas inteligentes são a classe de tecnologias mais disruptiva do mundo.
- A IA inclui a aprendizagem inteligente e profunda sob a égide das máquinas inteligentes.
- As máquinas inteligentes serão um fator de perturbação digital devido aos seus efeitos - tanto positivos como negativos - que terão na sociedade
- A utilização de máquinas inteligentes pelo sector cooperativo proporciona margens de lucro mais elevadas e conduz a processos de fabrico mais eficientes.
- As perturbações digitais são as mudanças que ocorrem quando as novas tecnologias digitais e o modo de funcionamento das empresas afectam o valor acrescentado dos bens e serviços existentes.
- As máquinas inteligentes vão ocupar todo o nosso trabalho, este livro dá-nos a capacidade de compreender o conceito de máquina inteligente no presente e no futuro.
- A Inteligência Artificial entra na sua vida hoje e tem uma conversa com alguém que o fará parecer muito inteligente.
- **Aplicação IA**
- Aumento da capacidade de cálculo
- 2, crescimento dos dados 3. Concentrar-se em problemas específicos 4, o conhecimento da engenharia transformou o problema do conhecimento, da aprendizagem e da inovação
- Adotar modais de raciocínio alternativos com base no nosso entendimento de que os sistemas não têm de raciocinar como as pessoas para serem inteligentes. **Não se comportar como um humano**
- **Explorar a IA**
- IA fraca e forte
- Os investigadores desenvolvem o objetivo e constroem sistemas de máquinas inteligentes que agem ou pensam como máquinas, de forma inteligente, tal como os humanos.
- **IA forte**
- O trabalho sobre a simulação genuína da razão humana tende a ser designado por IA forte.
- **WeakAI**
- A IA fraca que visa apenas pôr os sistemas a funcionar é normalmente designada por IA fraca
- **IA forte e IA fraca Tudo funciona e actua no meio**
- Entre a IA forte e a IA fraca encontram-se os sistemas que são informados pelo raciocínio humano, mas que o resolvem. Este trabalho utiliza o raciocínio humano como guia.
- **Figura muitos nomes da IA**
- Se nos perguntarmos "o que é que faz de nós um conceito de máquina inteligente" para o nosso cônjuge, a inteligência ou a cognição podem ser divididas em três categorias principais
- **1, pegar em coisas**
- Pensar no raciocínio, na análise e no processamento de idades, transformando as palavras em ideias e na sua atuação
- Pensar nestas três categorias como sentir, raciocinar e agir

- As máquinas inteligentes funcionam como sensores, utilizam sensores e adicionam processamento de imagem, reconhecendo importantes, caminhos, rostos, carros ou gatinhos
- **Reconhecimento de palavras específicas pela fala**
- Outros sensores são utilizados principalmente para a produção de robótica, sonares, rovers, acelerómetros, sensores de deteção de equilíbrio, etc.
- Raciocínio O pensamento sobre as coisas está relacionado com o que é conhecido, por exemplo, o processamento da linguagem e a transformação de palavras em ideias e a sua relação, a avaliação de situações, a interferência baseada na lógica, a interferência baseada na resolução de provas, o planeamento/problema
- descobrir o que fazer alcançar o objetivo
- Aprendizagem construção de novos conhecimentos com base em exemplos conjunto de dados de forexaminationof
- Geração de linguagem natural, dado um objetivo de comunicação, gerar a linguagem para o satisfazer.
- Assim, a geração e o controlo de acções como a geração de discurso, o controlo robótico, a deslocação e a gestão dos diferentes efeitos que movem o conceito mundial de cidade inteligente, máquina inteligente, cuidados de saúde, educação inteligente utilizam tecnologias ecológicas.
- **Componente da IA**
- A IA tende a estabelecer um paralelo entre os diferentes aspectos do raciocínio humano e da máquina. Os três conceitos de inteligência - deteção, raciocínio e interação - conjugam-se neste tipo de sistema inteligente
- O tipo de sistema de IA funciona através de (reconhecimento de voz)voz, toque e expressão do polegar
- Os assistentes móveis orientados para o consumidor utilizam o reconhecimento de voz para identificar as palavras que foram ditas ao sistema da máquina inteligente
- Para tal, captam e utilizam a forma de onda resultante para reconhecer um conjunto de palavras. Cada um destes sistemas utiliza o seu próprio método de reconhecimento de voz
- O raciocínio das palavras que o utilizador utiliza fornece a estes sistemas a informação necessária para a nova fábrica.
- Para satisfazer estas necessidades, o sistema agarra a informação do G.P.S., actuando depois de a deteção e o raciocínio terem sido activados, os resultados do sistema precisam de ser comunicados aos utilizadores.
- Isto envolve a organização e os resultados num raciocínio ou num conjunto razoável de ideias a comunicar, o mapeamento das ideias em frases ou na geração de línguas naturais, a descrição mais pormenorizada e a transformação dessas palavras em sons (geração de discurso). Prever o futuro com a IA
- Uma das formas de raciocínio particularmente útil é a previsão, que permite adivinhar o que vai acontecer a seguir, de modo a podermos lidar com os acontecimentos previstos e agir no futuro.
- Estratégia de IA ou plano de trabalho de "computação cognitiva
- Cuidado com a linguagem; mas faça primeiro o seu trabalho de casa e compreenda o comprimento e a amplitude do sistema e a vasta área disponível para o conceito de máquina inteligente
- Concentre-se nos dados da sua ideia, os dados podem muito bem apoiar a inferência ou a previsão, mas nenhum sistema pode pensar para além dos dados que o fornecem.
- Conhecer o funcionamento do seu sistema, pelo menos a nível da intuição central subjacente ao sistema
- Não confundir a aprendizagem automática com outras formas de raciocínio
- Lembre-se sempre do compromisso entre profundidade e amplitude, compreenda como um sistema se enquadra na parceria entre computadores humanos, pense sempre na forma como os seus sistemas vão comunicar consigo e com qualquer outra pessoa que os utilize interna ou externamente

P. **Conclusão**

- A inteligência artificial (IA) está a criar uma grande esperança para o futuro; entusiasmo de novas pesquisas e medo também, o objetivo do livro é armá-lo com a utilização da IA como ferramenta para resolver o seu problema diário e a necessidade de utilização para saneamento de água, conceito de cidade inteligente, transporte rápido e utilização em rover para o espaço para procurar minerais, água e ouro no planeta Marte.
- Como e onde se aplica a IA na prática e elimina qualquer receio que possa ter como noções verdadeiramente assustadoras é tentar avaliar estes sistemas sem a informação adequada.

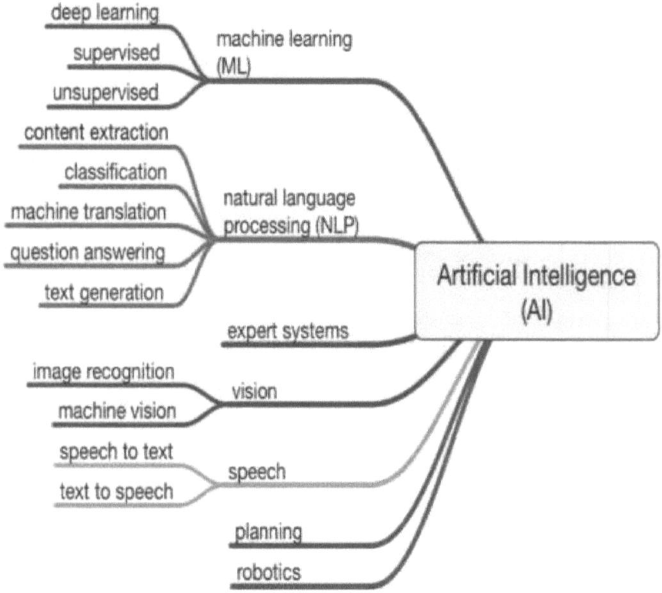

A figura mostra os diferentes ramos da Inteligência Artificial (IA)

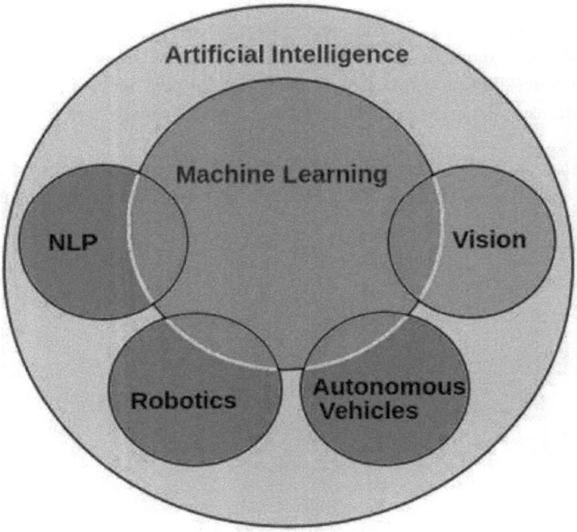

A figura mostra a Inteligência Artificial relacionada com diferentes grupos

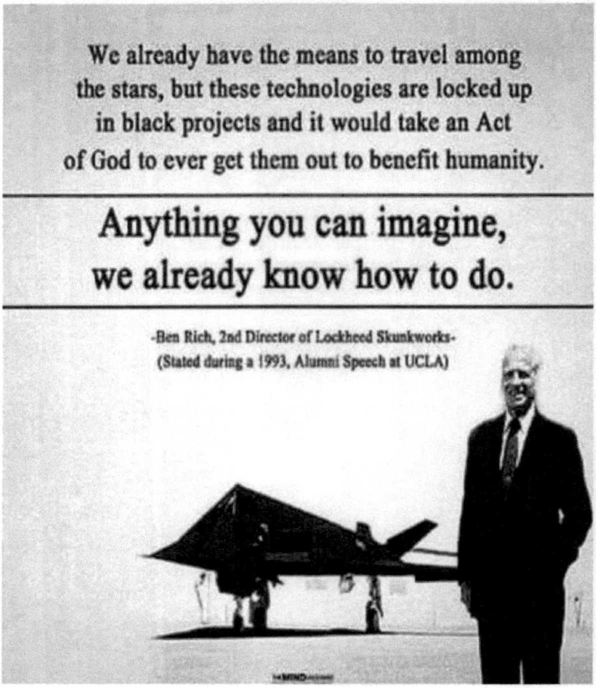

Capítulo 10

Laboratório de IA e Tinker

- O manual de funcionamento é apresentado para servir de manual para a base da escola/diretor/professor que estará envolvido na criação e gestão do laboratório AtalTinkering na escola.
- **O que é mexer no laboratório?**
- **Tinker significa basear-se na literatura atual, nas reflexões dos workshops do projeto e nas entrevistas com os principais criadores da metodologia tinkering e nas subsequentes discussões com os profissionais, documento criado para a tese tinkering.**
- **O Tinkering é uma mentalidade - uma forma lúdica de abordar e resolver problemas através da experiência direta, da experimentação e da descoberta. Uma caraterística importante do Tinkering é a natureza flexível e pessoal do objetivo. O objetivo pode mudar e tornar-se mais complexo à medida que o aluno progride na sua exploração. Isto dá oportunidades para os diferentes níveis de desafio, resultando em resultados altamente variáveis e muitas vezes inesperados.**
- **A participação numa série de instituições informais de aprendizagem das ciências e a cooperação nas reflexões que emergem da discussão entre o desenvolvimento do modelo, o teste e a reflexão.**
- Existem muitas definições para "mexer" - todas elas com conotações diferentes, em direcções diferentes e com resultados diferentes.
- Funileiro é "aquele que gosta de fazer experiências e reparar peças de máquinas".
- Assim, os funileiros tentam reparar ou melhorar algo de forma casual.
- Como é que trabalhamos no laboratório de manipulação?
- Desenvolvimento de um plano global
- criação de uma estrutura organizacional
- identificar a configuração do espaço físico
- identificar a afetação de recursos humanos ao laboratório
- aquisição de ferramentas e material para o laboratório

"i **Conclusão**

л **Princípio ético da IA**

- A norma de IA incorpora um princípio e, muitas vezes, é um princípio ou valor ético, segundo o qual o sistema de produtos de IA não deve causar danos e deve ser seguro para a sociedade.
- Estabelecer normas de segurança para os robots de cuidados pessoais. A gestão da qualidade, como a ISO9001, deve ser introduzida em todos os sistemas de IA.
- Algumas tecnologias, como a energia nuclear, as armas biológicas, os automóveis inteligentes, os automóveis inteligentes de alta velocidade e os plásticos, suscitaram preocupações éticas e debates políticos, bem como esforços políticos significativos para controlar a trajetória dessas tecnologias de IA. Preocupação ética com os novos desafios tecnológicos que se colocam às normas e aos sistemas conceptuais actuais, com as tecnologias da IA e da robótica e com o receio mais fundamental de que possam pôr fim à era do controlo humano sobre a Terra.
- A ética da IA e da robótica centra-se frequentemente em "preocupações" de vários tipos. É uma resposta típica às novas tecnologias; alguns estão previsivelmente errados quando sugerem que a tecnologia irá alterar fundamentalmente o comportamento humano. A narrativa do livro sobre inteligência artificial fornece informações e ferramentas para o mundo crescente da computação cognitiva, das máquinas inteligentes, da aprendizagem automática, da aprendizagem profunda, da linguagem natural, do reconhecimento da fala, do teste de viragem, dos sistemas amplos e estreitos e da IA fraca e forte. A inteligência artificial (IA) está a ser alvo de grande entusiasmo, excitação e receio por parte dos robôs assassinos que tomam conta do mundo. A proposta do livro é ajudar a compreender a IA para que possa ser naturalmente inteligente

■ Aprendizagem profunda da IA. A aprendizagem automática e a rede neural representam técnicas baseadas na aprendizagem incrivelmente excitantes e poderosas, utilizadas para resolver problemas mundiais como a iliteracia, a saúde, a educação, os transportes, as alterações climáticas, a tecnologia verde e o conceito de cidade inteligente.

" **Referências**

■ Wilinson,K.,& Pentrich, M, (2014). The Art of Tinkering; meet 150 Makers Working at the intersection of the art ,Science& research Journals.

P. Wikipédia

Bas Vergouw, Huub Nagel, Greet Bondt e Bart Custers Tecnologia de Drones: Tipos de cargas úteis, aplicações, questão do espetro de frequências e desenvolvimento futuro 001:10.1007/978-94-6265-132-6-0,16/07/2016.

" WWW.researchgate.net

Capítulo 11

Gestão de águas residuais e IA

As indústrias de águas residuais do futuro são inteligentes e eficientes do ponto de vista energético. Os sistemas inteligentes e interligados ajudam a aumentar a eficiência energética e a minimizar o consumo de recursos. O principal componente da solução water 4.0 é a solução digitalizada que complementa de forma óptima a nossa tecnologia comprovada de automação e acionamento. Ajudam a gerar e a disponibilizar dados relevantes para a indústria da água e fornecem análises de dados baseadas em factos - ao longo de todo o ciclo de vida.

- **Proteger as estações de tratamento de águas residuais contra o acesso não autorizado**
- As modernas estações de tratamento de água e de águas residuais estão geralmente ligadas à Internet para efeitos de monitorização e controlo. Isto proporciona uma maior transparência e flexibilidade, mas também envolve certos riscos; os processos que anteriormente estavam protegidos estão agora expostos a ataques do ciberespaço. Com o nosso conceito de defesa em profundidade, protegemos a segurança das instalações (por exemplo, controlo de acesso), a segurança da rede (por exemplo, utilizando firewalls) e a integridade do sistema (por exemplo, autenticando e autorizando utilizadores específicos).
- Utilização de águas residuais para desenvolver centrais de biomassa altamente eficientes graças à solução de reaquecimento
- **Utilização da biomassa como combustível devido aos elevados preços dos combustíveis fósseis.**
- O tratamento de águas residuais destina-se a fornecer uma breve descrição das instalações de tratamento de águas residuais que processam a água da estação de tratamento de águas
- Estação de água concebida para condições específicas para diferentes processos de funcionamento da estação de água
- Pode haver diferenças entre a fábrica e a fábrica vizinha em termos de dimensão, área e forma dos tanques (tanque circular e retangular) e tipo de tratamento utilizado.
- O esgoto é um produto das águas residuais que pode ser utilizado para fins domésticos, tais como jardinagem, descarga de sanitas, lavandaria e obras de construção.
- A água é utilizada em muitos domínios, incluindo processos, produtos e limpeza ou enxaguamento de peças, e depois de utilizada entra na estação de tratamento de águas residuais. Estas estações de tratamento de águas residuais são instalações complexas e fornecem produtos de alta qualidade a partir de instalações de tratamento de águas residuais. As instalações de tratamento de águas residuais removem os poluentes para proteger o ambiente e o sistema de saúde pública. Quando a água é utilizada pelas nossas sociedades, a água fica contaminada com poluentes, tais como poluentes químicos e metálicos, que afectam negativamente o nosso ambiente aquático, como rios, lagos e poços, lagoas. Por exemplo, a matéria orgânica pode provocar uma diminuição do oxigénio nos lagos, rios e cursos de água.
- As doenças transmitidas pela água também são eliminadas através de um tratamento adequado das águas residuais. Existem muitos poluentes que podem ter efeitos tóxicos para a vida aquática e para o público.
- A água está a ser tratada O fluxo de águas residuais que está a ser tratado A monitorização do fluxo é normalmente seguida da remoção de resíduos. Estes materiais têm de ser removidos porque podem danificar a maquinaria ou entupir os processos. A triagem pode ser removida utilizando crivos de barras e outros dispositivos concebidos para o efeito.
- O processo seguinte do tratamento preliminar é a desarenação. A areia é composta por materiais inorgânicos, tais como areia, cascalho, cascas de ovos, etc.
- A areia é composta por materiais inorgânicos, tais como areia, cascalho, cascas de ovo, etc. É desejável remover a areia para evitar o desgaste e a abrasão das bombas e de outros equipamentos mecânicos. A areia também pode entupir linhas e tubagens.

■ Nesta zona de afluentes, é frequentemente utilizado equipamento de amostragem para recolher pequenas porções de águas residuais para análise.

■ **Recolha de águas residuais:-**

■ O sistema de esgotos ou de recolha é concebido de modo a que os fluxos cheguem a um local de tratamento centralizado. O sistema de recolha é composto por esgotos mais pequenos com um diâmetro de cerca de quatro polegadas.

■ À medida que mais casas e empresas são ligadas ao longo do sistema, a tubagem torna-se maior em diâmetro. Nos casos em que os sistemas de gravidade não são práticos, são frequentemente incluídas estações de bombagem para elevar as águas residuais.

■ As águas residuais continuam a fluir através do sistema de recolha e acabam por chegar à estação de tratamento de águas residuais. Ao tratamento preliminar segue-se o tratamento primário, depois as instalações de tratamento secundário e, porventura, o tratamento avançado ou terciário, em que os sólidos ou lamas retirados do fluxo de águas residuais também têm de ser tratados.

■ O tratamento preliminar inclui normalmente bombas de esgoto bruto. O peneiramento e a remoção de grão são importantes para o funcionamento correto das bombas de esgoto bruto. Estes materiais provocam entupimentos e desgaste dos componentes internos.

■ Estas bombas de esgoto bruto transportam os caudais para a fase seguinte de tratamento, o que significa tratamento primário das águas residuais. O tratamento primário consiste na sedimentação física dos sólidos e na dilatação dos sólidos flutuantes sob a forma de lamas. O tratamento primário gera lamas primárias, que são removidas com bombas para o tratamento de sólidos para remoção final das lamas.

■ O tratamento secundário é um processo de tratamento biológico utilizado para estabilizar os sólidos dissolvidos. Os microrganismos (por exemplo, bactérias) alimentam-se dos sólidos orgânicos presentes nas águas residuais e convertem-nos em biomassa, transformando-os em massa celular ou biológica que é posteriormente eliminada.

O Instalações de tratamento de águas residuais

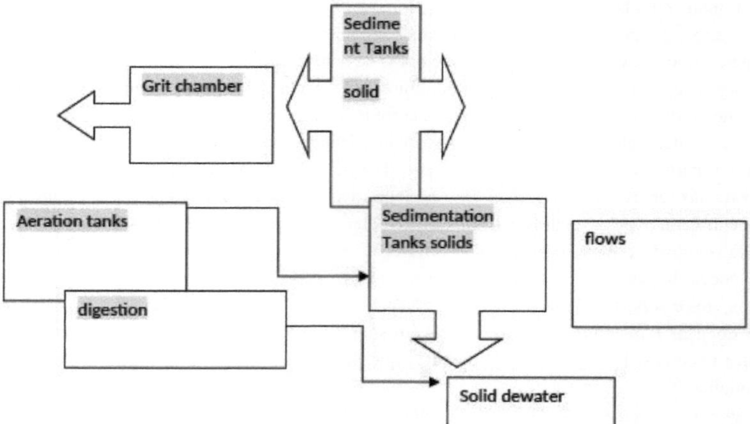

■ Enviar no terreno para a agricultura biológica

■ Diagramas dos processos de tratamento de águas residuais da água limpa para hoje

O "IA para hidrologia operacional"

O Hidrologia resolvido através, AI .Se resolver um desafio a sociedade beneficiou muito. Utilizamos a IA para monitorizar a qualidade da água do rio e o funcionamento do tratamento de águas residuais e a utilização da eutrofização e, após o tratamento, das lamas e das águas residuais humanas, despejadas

em locais afastados da cidade, para irrigação de campos com elevado valor nutritivo.
O Hidrologia significa monitorizar a água livre de poluição do ambiente externo, pelo que é necessário utilizar a IA para a hidrologia e monitorizar as nossas terras através da utilização de sensores remotos. Precisamos de água potável e de qualidade, a disponibilidade de água doce é de cerca de 2,5%.

"i **Conclusão**

- A inteligência artificial (IA) está a criar uma grande esperança para o futuro; entusiasmo de novas pesquisas e medo também, o objetivo do livro é armá-lo com a utilização da IA como ferramenta para resolver o seu problema diário e a necessidade de utilização para saneamento de água, conceito de cidade inteligente, transporte rápido e utilização em rover para o espaço para procurar minerais, água e ouro no planeta Marte.
- Como e onde a IA se aplica na prática e elimina qualquer receio que possa ter como noções verdadeiramente assustadoras é tentar avaliar estes sistemas sem a informação adequada.

PARTE II

Gestão de resíduos:-
Gestão de resíduos, saneamento,

- **Texto 6**
- Na tad bhsayatesuryonasaankonapavakh
- Yadgatvananivatane tad dhamaparamam mama
- Essa minha morada suprema não é iluminada pelo Sol ou pela Lua, nem pelo fogo ou pela eletricidade. Aqueles que a alcançam nunca regressam a este mundo material.
- O Bhagavad Gita tal como ele é
- página 635

"i **Prefácio**

A gestão de resíduos é um dos serviços essenciais básicos prestados pelas autoridades municipais rurais e urbanas para manter a aldeia e a cidade limpas. No entanto, é um dos serviços mais mal prestados no Cesto O lixo está espalhado por todo o lado, levando a condições de vida sanitárias. As nações do mundo são capazes de produzir lixo, mas não sabem o que fazer com ele. O lixo polui o sistema fluvial, a terra, o ar e a agricultura e os rios poluídos também afectam a vida marinha. Assim, é necessária uma gestão adequada dos resíduos através de fontes pontuais. Devido à atualização das novas tecnologias, os **resíduos electrónicos são gerados?** Os resíduos electrónicos podem gerar **o pior** nas zonas urbanas. Assim, é preciso tempo para fazer um saneamento adequado através dos resíduos com o rio e a estação de trabalho rural e urbana e gerar emprego através da sociedade.

" **Resumos**

- A gestão de resíduos é um dos serviços essenciais básicos prestados pelas autoridades municipais rurais e urbanas para manter a aldeia e a cidade limpas. No entanto, este é um dos serviços mais mal prestados no Basket. Os resíduos estão espalhados por todo o lado, o que leva a condições de vida pouco higiénicas. As nações do mundo podem produzir lixo, mas não sabem o que fazer com ele.
- Os resíduos/lixo podem ser reutilizados através da reciclagem e reduzidos, mas a eliminação ineficaz ou irresponsável dos resíduos pode poluir o ambiente e constituir um risco para a saúde pública.
- Os actuais métodos de eliminação de resíduos ameaçam a nossa saúde humana, a segurança da nossa saúde fluvial e o ambiente e representam custos adicionais diretos e indirectos para a sociedade. Afinal de contas, os resíduos estão nos olhos de quem os vê. O lixo de uma pessoa é o tesouro de outra. Se olharmos realmente para as coisas que estamos a deitar fora. Podemos aprender a vê-las como resíduos que podem ser reutilizados, uma alternativa para a gestão de resíduos que começa a explorar os recursos do nosso lixo.

Assim, as pessoas decidem-se a utilizar o lixo para fins positivos. As pessoas podem gerar ideias para conservar os recursos e satisfazer a necessidade humana de ter ideias criativas. Por isso, pode ser reduzido em fontes pontuais.

- Palavra-chave:-**Gestão** de resíduos, **Reciclar, Reduzir, Ideia inovadora.**

P. **Introdução**

Todas as nações do mundo geram **lixo** e nós não sabíamos o que faziam com o lixo. O lixo pode ser reutilizado através da reciclagem. A eliminação eficaz ou irresponsável dos resíduos pode poluir o ambiente e colocar em risco a saúde pública. Os cidadãos de todo o país estão a descobrir que não existe uma forma fácil de se livrarem do lixo que, em tempos, pensavam poder ser enterrado ou queimado e esquecido. Os actuais métodos de eliminação ameaçam a saúde e a saúde dos nossos rios, a segurança e o ambiente, e representam uma ameaça adicional para a sociedade.

Capítulo 1

Gestão de resíduos

Resíduos para a riqueza:-

- As pessoas decidem-se a utilizar o lixo para ideias positivas. Reciclar e reutilizar o lixo poupa dinheiro e satisfaz as necessidades humanas de ter ideias criativas. As pessoas podem começar a gerar ideias, conservando recursos.

"Reciclar" pode ser uma palavra-chave para uma forma amiga do ambiente de gerir os resíduos, mas uma abordagem mais abrangente para o fazer resume-se **aos "Três Rs": Reduzir, Reutilizar e Reciclar.**

Reduz: - compre apenas o necessário, porque a melhor forma de reduzir o desperdício é não **o criar.**

Reutiliza:- se tiveres de adquirir bens, tenta adquirir bens usados ou obter **substitutos.**

Reciclar:- quando deitar fora os seus resíduos, encontre uma forma de os reciclar em vez de os deixar ir para Enchimento do solo.

- **A figura mostra 3 R Reciclar, Reutilizar e Reduzir os Resíduos**

Métodos de recolha e separação:-

A recolha na berma da estrada exige que os proprietários separem os resíduos recicláveis do seu lixo. Os resíduos recicláveis limpos podem ter de ser colocados em contentores especiais. Ambos são colocados no passeio para serem recolhidos por camiões separados. E entrega no centro de recolha de lixo.

Entrega do Thrash Center:-

Os centros de recolha de lixo são a forma mais simples de recolher materiais recicláveis; as pessoas podem deixar o seu vidro usado, garrafas de plástico, recipientes de metal, plástico, borracha e papel num local de recolha de reciclagem distinto e ganhar dinheiro com isso. Estes centros de recolha de lixo são normalmente colocados em locais de fácil acesso, perto de zonas de grande tráfego, como a entrada de supermercados e parques de estacionamento.

Comprar e voltar ao centro:-

Comprar ou obter material de reciclagem Utilizá-lo em casa. O material de reciclagem pode ser reutilizado através da compra de alumínio e outros vidros, plásticos, papel de jornal e, por vezes, baterias de telemóvel e outros materiais utilizáveis.

Estratégias para reduzir os resíduos

- Algumas das estratégias estão estreitamente relacionadas com **estas** categorias de **"três Rs"**. Por exemplo, é necessário reduzir a utilização de sacos de plástico nas compras de mercearia, sendo preferível levar sacos de algodão de casa, mas em vez disso utilizamos sacos de compras e reutilizamo-los, certificando-nos de que estão limpos. A reutilização poupa dinheiro, conserva recursos e satisfaz o desejo humano de sermos criaturas. O processo de reutilização começa com o pressuposto de que os materiais usados que passam pela nossa vida podem ser um recurso e não um resíduo. Afinal de contas, o desperdício está nos olhos de quem vê. O lixo de uma pessoa é o tesouro de outra. Se olharmos realmente para as coisas que estamos a deitar fora para outra pessoa... Assim, mudamos o comportamento individual.

- **Quadro 1. Tempo que demora a decompor-se (fontes: -EPA, 2013a)**

Resíduos Quanto tempo demora a decompor-se	
Toalhas de papel / papel de jornal	**2-4 semanas**
Núcleo de maçã / Núcleo de banana	**2 meses**
Caixa de cartão encerada Milx	**3 meses**
Contraplacado	**1-3 anos**
Meia de lã	**1-5 anos**
Rabo de cigarro	**1,5 anos.**
Sacos de plástico	**10-20 anos**
Película de plástico	**20-30 anos**
Lata	**50 anos**
Sola de borracha para botas	**50-80 anos**
Lata de alumínio	**80/200 anos**
Fralda descartável	**45 0 anos**
Garrafa de plástico para bebidas	**450 anos**
Linha de pesca de monofilamento	**600 anos**
Garrafa de vidro	**1 milhão de anos**

- **A reciclagem cria empregos:-**
- A reciclagem tem sido prejudicada pela crença de que se deve ganhar dinheiro com os resíduos, o que pode ser verdade para alguns materiais recicláveis, mas não para outros. Poupar os recursos naturais e proteger o ambiente, utilizar dispositivos de poupança de energia, como os dispositivos de células solares, e de ambiente mais limpo, como o GNC e a eletricidade solar.

A maior parte dos resíduos industriais, comerciais e domésticos é colocada de forma incorrecta em aterros sanitários ou em aterros de superfície. Os resíduos tratados desta forma podem contaminar as águas subterrâneas, os rios e os ribeiros. Quando os resíduos são queimados, libertam gases perigosos no ar e deixam resíduos tóxicos sob a forma de cinzas.

-
-
- Estes resíduos perigosos chegam aos animais humanos de uma forma ou de outra
- **Compostagem de resíduos biodegradáveis:-**
- A compostagem é uma tecnologia para matérias orgânicas por microorganismos em ambiente quente, húmido, aeróbico e anaeróbico. Os agricultores têm vindo a utilizar composto feito de estrume de vaca e outros resíduos agrícolas. Os resíduos de composto também aumentam a capacidade de retenção de humidade do solo e ajudam a manter a saúde do solo.

Reduz:-

Como reduzir os resíduos, reciclar e separar o lixo doméstico. Traga o seu próprio saco ou cesto de pano ou saco de pano reutilizável, usado durante 5 anos, substitui em média 1250 sacos de plástico e 116 sacos de papel. Não deite fora nem deite restos de comida, compre produtos amigos do ambiente.

P. Utilizar

A. **Recipiente recarregável**

-

B. **Lenço de papel reciclado**

- **C. Garrafas de plástico e de vidro retornáveis**

Ao comprar o artigo acima. Procure estas marcas abaixo que indicam. A marca ecológica indica que o produto é amigo do ambiente, a marca verde indica o conteúdo de papel reciclado, as marcas "R" indicam que uma garrafa é retornável, reduzindo a quantidade que compra, o que é mais significativo para todas as opções de gestão de resíduos. Cada pessoa contribui para o problema da gestão dos resíduos. Cada casa reduz os seus resíduos, este problema pode ser reduzido se analisarmos o que deitamos fora e o que guardamos em casa. Que bens são necessários em casa. Lixo doméstico, como restos de cozinha, papel usado, contentores sujos, vidros partidos, polietileno, alimentos e legumes.

- **Fazer centro de recolha de resíduos e reduzir os resíduos:-**

Colocar o lixo do centro de recolha do bairro ou dos colectores de reciclagem. Fazer maços separados de jornais, revistas e papelões, amarrando-os firmemente com barbante. Apresentar as oficinas de reparação espalhadas por toda a cidade, onde se podem reparar móveis, roupas e artigos de lixo eletrónico do dia a dia. Política "2R" **EcoTown"** de promoção da redução de resíduos e reutilização de recursos. Redução dos resíduos através do centro de reparações, reutilização e remarcação. Assim, **reduzir, reutilizar, reciclar**, vamos a isso! Para um futuro melhor. E fazer riqueza a partir dos resíduos.

- **Reutilização**

A ideia de ser esbanjador faz com que muitas pessoas se sintam desconfortáveis. No entanto, a maioria de nós continua a desperdiçar porque não pensa em nada melhor para fazer. Assim, é necessário mudar o comportamento individual para reutilizar os resíduos.

O que fazer para manter a água limpa e segura:-

A escassez de água é definida como 100 litros por pessoa por dia, uma medida aproximada da quantidade de que um residente urbano necessita para viver confortavelmente a longo prazo, incluindo água para beber, tomar banho, limpar e saneamento, incluindo autoclismos (Gleick P(1996). As alterações climáticas também alterarão provavelmente os padrões de precipitação, com algumas zonas a tornarem-se mais húmidas e outras mais secas (IPCC2007).

- Limpar os resíduos e reduzir os resíduos - a melhor opção

1. Colocar o lixo no contentor e separá-lo em lixo orgânico e outro.
2. Limpeza do rio e dos seus arredores
3. Manter as lixeiras e os sanitários afastados dos recursos hídricos
4. Fazer um esgoto adequado e reduzir a utilização de detergente químico, mudando para sabão orgânico.
5. Produção de cinzas a partir de resíduos orgânicos para fazer composto.
6. Praticar a agricultura biológica, utilizando menos produtos químicos agrícolas.
7. Plantação de árvores na margem do rio para evitar a erosão do solo.
8. Lembre-se de manter a água limpa e segura
9. Não deitar lixo no rio
10. Manter as lixeiras e os sanitários afastados dos recursos hídricos
11. Compostagem de resíduos humanos e animais
12. Evitar o mais possível a utilização de produtos químicos, pesticidas e fertilizantes e praticar a compostagem.
13. Reduzir a quantidade de sabão e detergentes ao lavar a loiça e a roupa e mudar para sabão biológico
14. Plantar árvores na montanha e nas margens do rio.
15. A pulverização de pesticidas químicos na agricultura, os resíduos poluídos dos rios e dos oceanos causam problemas como febre, vómitos, diarreia, poluição dos rios, deterioração da água, morte de peixes e outros.
16. Dependemos da água diariamente na nossa vida quotidiana. Por outro lado, inconscientemente, causamos muitos danos ao abastecimento de água. A quantidade de poluentes que cada pessoa produz é pequena. No entanto, se todos fizerem o mesmo, em breve deixará de haver água limpa e segura.
17. Utilizar detergentes químicos e não efetuar uma gestão adequada das águas residuais.

garbaze

■ **Papel das ONGs** ■

O sector privado pode desempenhar um papel importante na construção, operação e manutenção de estações de tratamento de água/resíduos e instalações de eliminação. A ONG desempenha um papel importante na organização de recolhedores de trapos/colectores de resíduos para a recolha **porta-a-porta** e a separação dos resíduos. Sensibilização do público para o armazenamento de resíduos orgânicos e recicláveis separadamente na fonte e para a entrega dos resíduos ao coletor de resíduos. P.U.Asnai (2004).

" **Conclusão**

Reduzir a quantidade de resíduos sólidos gerados, reciclar tanto quanto possível os resíduos, transformar os resíduos de forma segura para o ambiente e utilizar meios ecológicos, tais como a produção de adubo através de uma máquina de compostagem. As três estratégias podem ser discutidas mais pormenorizadamente na abordagem dos três "Rs": reduzir, reutilizar, reciclar os resíduos. Assim, a mudança de atitude humana e o impacto no ambiente terrestre. Promover a redução de resíduos e a reutilização de recursos residuais. Redução dos **resíduos electrónicos através de reparações, reutilização e remarcação.**

Referências

1. Banco Mundial (1997a) What a Waste , Banco Mundial, Washington, D.C.
2. P.U.Asnai (2004) Gestão de resíduos sólidos.
3. Gleick P (1996) Basic water requirement for human activities: meeting basic needs. Water int.21:83-92.
4. IPCC (2007) Climate change 2007: the physical Science basis (Cambridge Univ. Press.).

k61194592 www.fotosearch.com

Capítulo 2

Saneamento da água e gestão das águas residuais

O efeito da eutrofização nas águas residuais

'' **RESUMO**

As águas residuais ou águas de esgoto são o subproduto de usos domésticos, como tomar banho, lavar louça, cozinhar, lavar roupa "Lavar a roupa", pelo que reciclamos a água através de instalações de tratamento de água. Assim, é necessário remover os poluentes das águas residuais para proteger o ambiente e a saúde pública.A recolha de resíduos através de lagos gera eutrofização, cujos efeitos no ambiente podem ter consequências negativas para a saúde das populações animais e humanas expostas através de várias vias. Quando a água doce, extraída de zonas eutróficas, é utilizada para a produção de água potável, podem também ocorrer impactos graves durante a rega em águas eutróficas, A eutrofização é um processo complexo que ocorre tanto em águas doces como em águas marinhas, onde certos tipos de algas perturbam o ecossistema aquático e se tornam uma ameaça para os animais e para a saúde humana. A principal causa da eutrofização é uma concentração excessiva de nutrientes vegetais provenientes da agricultura ou do tratamento de esgotos. A principal causa da eutrofização é a grande entrada de nutrientes misturados na massa de água e o principal efeito é o desequilíbrio na teia alimentar que resulta em níveis elevados de fitoplâncton, zooplâncton e biomassa de algas em massas de água estratificadas. Esta situação pode levar à proliferação de algas. Os processos de eutrofização podem ser divididos em duas categorias, dependendo do tempo em que estão ligados à dispersão de nutrientes e ao crescimento do fitoplâncton e do ciclo de oxigénio perto do fundo da massa de água. Dependendo da gravidade da eutrofização, podem ser observados vários efeitos. As algas perturbam os ecossistemas aquáticos, constituindo uma ameaça para a saúde animal e humana. A eutrofização diz respeito à disponibilidade de oxigénio. Algumas espécies de algas também podem conter toxinas, mas os incidentes em que as algas de água doce ou a origem de causam doenças humanas ou animais. Algumas cynobacteria têm a capacidade de produzir toxinas perigosas para os seres humanos. Observamos uma variedade de sintomas, dependendo das toxinas implicadas, tais como fadiga, dores de cabeça, diarreia, vómitos e algumas irritações cutâneas com febre na garganta. Boas práticas para informar as pessoas sobre os riscos de tomar banho ou praticar desporto em águas normalmente coloridas ou turvas. Banhistas alérgicos ou pessoas que caminham ao longo da margem de uma massa de água afetada pela proliferação de algas. As alergias libertam não só toxinas mas também compostos alérgicos. Em alguns casos específicos, as autoridades locais têm de recorrer à água eutrófica para produzir água potável.

Palavras chave:-**Água eutrófica,fitoplâncton.alage. água potável**

H **INTRODUÇÃO**

O Os efeitos da eutrofização no ambiente podem ter consequências negativas para a saúde das populações animais e humanas expostas através de várias vias. Quando a água doce, extraída de zonas eutróficas, é utilizada para a produção de água potável, podem também ocorrer impactos graves durante a rega em águas eutróficas, A eutrofização é um processo complexo que ocorre tanto em águas doces como em águas marinhas, em que certos tipos de algas perturbam o ecossistema aquático e se tornam uma ameaça para os animais e para a saúde humana. A principal causa da eutrofização é uma concentração excessiva de nutrientes vegetais provenientes da agricultura ou do tratamento de esgotos. A principal causa da eutrofização é a grande entrada de nutrientes misturados na massa de água e o principal efeito é o desequilíbrio na teia alimentar que resulta em níveis elevados de fitoplâncton, zooplâncton e biomassa de algas em massas de água estratificadas. Esta situação pode levar à proliferação de algas. Os processos de eutrofização podem ser divididos em duas categorias, dependendo do tempo em que estão ligados à dispersão de nutrientes e ao crescimento do fitoplâncton e do ciclo de oxigénio perto do fundo da massa de água. Dependendo da gravidade da eutrofização, podem ser observados vários efeitos. As algas perturbam os ecossistemas aquáticos, constituindo uma ameaça para a saúde animal e humana. A eutrofização diz respeito à disponibilidade de oxigénio.

Algumas espécies de algas também podem conter toxinas, mas os incidentes em que as algas de água doce ou a origem de causam doenças humanas ou animais. Algumas cynobacteria têm a capacidade de produzir toxinas perigosas para os seres humanos. Observamos uma variedade de sintomas, dependendo das toxinas implicadas, tais como fadiga, dores de cabeça, diarreia, vómitos e algumas irritações cutâneas com febre na garganta. Boas práticas para informar as pessoas sobre os riscos de tomar banho ou praticar desporto em águas normalmente coloridas ou turvas. Os banhistas alérgicos ou as pessoas que caminham ao longo da margem de uma massa de água afetada pela proliferação de algas, que libertam não só toxinas mas também compostos alérgicos.

O Nalguns casos específicos, as autoridades locais têm de recorrer a águas eutróficas para produzir água potável.

O "Eutrofização"

O "Eutrofização" é o enriquecimento das águas superficiais com nutrientes vegetais. Embora a eutrofização ocorra naturalmente, está normalmente associada a fontes antropogénicas de nutrientes. O "estado trófico" dos lagos é o conceito central na gestão dos lagos. Descreve a relação entre o estado dos nutrientes de um lago e o crescimento da matéria orgânica no lago. A eutrofização é o processo de mudança de um estado trófico para um estado trófico superior através da adição de nutrientes. A agricultura é um dos principais factores de eutrofização das águas de superfície. A eliminação dos resíduos sólidos urbanos (RSU) é uma grande preocupação global, especialmente nos países em desenvolvimento de todo o mundo. O rápido crescimento da população, o aumento da urbanização e o facto de as cidades disporem de políticas de gestão de resíduos e de infra-estruturas eficientes fazem com que os resíduos sejam depositados em aterros sanitários nas zonas de planície. A água subterrânea que flui através dos resíduos ou da infiltração da água da chuva recolhe uma variedade de compostos inorgânicos e orgânicos compostos inorgânicos como Al, Ca, magnésio, sódio, ferro, sulfato, cloretos e metais pesados como o cádmio, o crómio, o cobre, etc. As fugas de metais tóxicos das lixeiras de resíduos sólidos constituem um grave problema ambiental nas cidades e representam um sério risco de contaminação das águas subterrâneas e das águas superficiais.

O O estudo global mais completo da eutrofização foi o Programa Cooperativo sobre Eutrofização da Organização para a Cooperação e o Desenvolvimento Económico (OCDE), realizado na década de 1970 em dezoito países (Vollenweider et al., 1980). A sequência do estado trófico, de oligotrófico (pobre em nutrientes) a hipertrófico (= hipereutrófico [rico em nutrientes]) é apresentada no quadro 2.

O Embora tanto o azoto como o fósforo contribuam para a eutrofização, a classificação do estado trófico centra-se geralmente no nutriente que é limitante. Na maioria dos casos, o fósforo é o nutriente limitante. Embora os efeitos da eutrofização, como a proliferação de algas, sejam facilmente visíveis, o processo de eutrofização é complexo e a sua medição difícil. Este não é o local para uma discussão aprofundada sobre a ciência da eutrofização, no entanto, os factores referidos em

O Devido à interação complexa entre as numerosas variáveis que intervêm na eutrofização, Janus e Vollenweider (1981) concluíram que é impossível estabelecer limites estritos entre as classes tróficas. Por exemplo, calcularam a probabilidade (em %) de classificar um lago com concentrações de fósforo total e clorofila de 10 e 2,5 mg/m^3 , respetivamente, como:

O Fósforo Clorofila

0	Ultra-oligotrófico	10%	6%
0	Oligotrófico	63%	49%
0	Mesotrófico	26%	42%
0	Eutrófico	1%	3%
0	Hipertrófico	0%	0%

O Os sintomas e impactos da eutrofização são:

O Aumento da produção e da biomassa de fitoplâncton, algas aderentes e macrófitas.

O Mudança nas caraterísticas do habitat devido à alteração do conjunto de plantas aquáticas.

O Substituição de peixes desejáveis (por exemplo, salmonídeos nos países ocidentais) por espécies

menos desejáveis.
O Produção de toxinas por certas algas.

- Aumento das despesas de funcionamento do abastecimento público de água, incluindo problemas de sabor e odor, especialmente durante os períodos de proliferação de algas.
- Desoxigenação da água, especialmente após o colapso da proliferação de algas, resultando geralmente na morte de peixes.
- Enchimento e entupimento dos canais de irrigação com ervas aquáticas (o jacinto de água é um problema de introdução, não necessariamente de eutrofização).
- Perda da utilização recreativa da água devido ao lodo, à infestação de ervas daninhas e ao odor nocivo das algas em decomposição.
- Impedimentos à navegação devido ao crescimento denso de ervas daninhas.
- Perdas económicas devido a alterações nas espécies de peixes, mortes de peixes, etc.

Capítulo 3

O impacto da eutrofização na saúde humana

O A palavra "eutrófico" vem da palavra grega eutrophics que significa bem alimentado. A eutrofização é o processo de enriquecimento de nutrientes das águas que resulta na estimulação de uma série de alterações sintomáticas, entre as quais o aumento da produção de algas e macrófitas aquáticas, a deterioração da qualidade da água e outras alterações sintomáticas que são consideradas indesejáveis e interferem com as utilizações da água (OCDE; 1982).

O Estratégias de gestão da eutrofização: controlo das principais fontes de eutrofização. Para controlar a eutrofização e restabelecer a quantidade de água, é necessário controlar e restringir as entradas de fósforo, reduzir a erosão dos solos e desenvolver novas tecnologias para limitar o teor de fósforo dos solos demasiado ricos (Carpenter e Lathrop 2008). A proliferação de algas de água doce é o resultado de um excesso de nutrientes, particularmente de fósforo (Diersing 2009). A agricultura industrial, com a sua dependência de fertilizantes ricos em fosfato, é a principal fonte de excesso de fósforo responsável pela degradação do lago (carpenter 2008). A aplicação rotineira de fertilizantes químicos e de estrume carregado de fósforo resultou na acumulação progressiva de fósforo no solo, que é escoado para os lagos da bacia hidrográfica onde é aplicado numa base global; os investigadores demonstraram uma forte correlação entre a entrada total de fósforo e a biomassa de algas nos lagos (Anderson et al, 2002). De acordo com uma estimativa, 400 gramas de fosfatos poderiam potencialmente induzir uma proliferação de algas de 350 toneladas (Sharma 1999).

O A eutrofização é o processo de enriquecimento excessivo das águas em nutrientes que, normalmente, resulta em problemas associados ao crescimento de macrófitas, algas ou cinobactérias. A causa e o efeito da eutrofização são complexos. No estado atual dos conhecimentos, há muito trabalho de investigação em curso que visa aprofundar o nosso conhecimento das intrincadas inter-relações envolvidas na eutrofização dos recursos hídricos. (Rast e Thorton 1996).

O Causas da eutrofização em lagos naturais É por vezes feita uma distinção entre processos de eutrofização "naturais" e "culturais" (antropogénicos) (por exemplo, Rast e Throrhton (1996). A eutrofização natural está associada a actos humanos que aceleram os processos de eutrofização para além da taxa associada aos processos naturais (por exemplo, aumentando as cargas de nutrientes nos ecossistemas aquáticos). O aumento do enriquecimento em nutrientes pode ter origem em fontes pontuais e não pontuais externas à barragem, bem como em fontes internas, como os próprios sedimentos da barragem (que libertam fosfato). Impacto da eutrofização A eutrofização é preocupante porque tem numerosos impactos negativos: o aumento da produtividade num sistema aquático pode, por vezes, ser benéfico para os peixes e outros animais desejáveis. No entanto, os impactos ecológicos determinantes podem, por sua vez, ter outros impactos adversos, que variam entre impactos ecológicos estéticos e recreativos e impactos económicos e na saúde humana.

O Os impactos da eutrofização são complexos e inter-relacionados. O crescimento excessivo de plantas aquáticas e de cinobactérias tem uma multiplicidade de impactos num ecossistema. Os impactos específicos dependem do estímulo dado às plantas para crescerem.

O Impacto ecológico As invasões de macrófitas e a proliferação de algas e cinobactérias (verde-azuladas) são elas próprias. No entanto, a sua presença causa uma série de outros impactos ecológicos. O impacto da eutrofização sobre a biodiversidade é uma preocupação fundamental. As invasões de macrófitas impedem ou dificultam o crescimento de outras plantas aquáticas.

O As cinobactérias podem manter uma taxa de crescimento relativamente mais elevada do que outros organismos fitoplanctónicos quando a intensidade da luz é baixa. Por conseguinte, têm uma vantagem comparativa em águas turvas devido ao crescimento denso de outro fitoplâncton. A maioria das cinobactérias atinge taxas de crescimento máximas a temperaturas superiores a 25^0 C. Taxas de crescimento dias por duplicação.

Estas temperaturas óptimas são mais elevadas do que as das algas verdes e das diatomáceas (Chorus e Bartam1999). As cinobactérias podem formar aglomerados (como a microcytis), distribuir-se homogeneamente pelo epilimnion (como a oscillatoria) ou crescer em superfícies submersas. As cinobactérias são particularmente problemáticas porque, quando as suas células são rompidas (por exemplo, por decomposição ou por aligicidas), libertam substâncias tóxicas (cianotoxinas) na água, podendo também ocorrer libertação passiva. As cianotoxinas dividem-se em três grandes grupos: péptidos cíclicos, alcalóides e lipopolissacáridos. Reconhece-se que as cinotoxinas causaram a morte de animais selvagens, animais de companhia, peixes e aves em muitos países (Holdsworth,1991). O principal órgão-alvo da maioria das cinotoxinas nos mamíferos é o fígado (ou seja, são hepatóxicas). Algumas cinotoxinas são neurotóxicas (afectam o sistema nervoso) e outras são determinatotóxicas (afectam a pele). Os impactos ecológicos incluem vários impactos na qualidade da água, como o aumento dos níveis de cinotoxinas e a diminuição dos níveis de oxigénio (devido à decomposição de algas e cinobactérias). A diminuição dos níveis de oxigénio pode ter uma série de outros impactos secundários na qualidade da água. As condições aneróbias permitem a existência de espécies químicas reduzidas (como o amoníaco e o sulfureto). Estas substâncias químicas podem ser particularmente tóxicas para os animais e as plantas.

O Impactos na saúde humana Uma infeção de jacinto de água (eichhoniacrassipes) pode constituir um perigo para a saúde. Pode constituir um habitat ideal para a reprodução de larvas de mosquitos e pode proteger o caracol vetor da biliharzia (Scott et al., 1979). Foi documentada uma série de consequências adversas para os nadadores expostos a florescências de cianobactérias.

O A exposição crónica a doses baixas pode favorecer o desenvolvimento de tumores hepáticos e outros. No entanto, muitas florações de cinobactérias não são aparentemente perigosas para os animais (Carmichael 1992).

O Também é possível que a exposição a odores provenientes de cursos de água contaminados com algas em decomposição de cianobactérias possa ter efeitos económicos crónicos negativos para a saúde. Os impactos na saúde humana e dos animais domésticos e selvagens devido às cianotoxinas na água têm impactos económicos diretos óbvios. Um abastecimento de água potável seguro contra as cianotoxinas deve estar isento de cianotoxinas ou dispor de um tratamento que remova as células de cianobactérias (sem as romper) e as cianotoxinas libertadas (Chorus e Bartram, 1999).

O Os impactos da eutrofização cultural nos lagos: análise dos danos e das medidas de controlo dos nutrientes:-

O A tarefa consistia em expor uma questão significativa relacionada com as massas de água, estudar até que ponto tem impacto ou altera o ecossistema e analisar as implicações futuras para a água potável e a sociedade em geral. O excesso de nutrientes na água pode causar uma deterioração generalizada da qualidade da água, prejudicando gravemente o ambiente. As plantas aquáticas necessitam de dois nutrientes essenciais para o seu crescimento: o fósforo e o nitrogénio.

O Para o crescimento fosforoso e nitrocongelado. Recebem estes nutrientes através de um processo conhecido como eutrofização, no qual as massas de água acumulam nutrientes vegetais, normalmente provenientes da drenagem de terras ricas em nutrientes (smith 2003). Num lago saudável, ambos os nutrientes ocorrem em quantidades limitantes; factores antropogénicos (humanos) podem aumentar drasticamente a concentração de plantas. Nutrientes em massas de água, um fenómeno conhecido como "eutrofização cultural" (Haseler 1947). A poluição induzida pelo homem através dos impactos da utilização excessiva de fertilizantes, efluentes de águas residuais não tratadas e detergentes aumenta significativamente a carga de nutrientes nos lagos, acelerando a eutrofização para além dos níveis naturais e gerando alterações deletérias nos ecossistemas naturais (Litke 1999). Nos últimos 50 anos, foi desenvolvida uma vasta literatura para identificar os principais impactos e fontes do aumento dos níveis de nutrientes na qualidade das águas receptoras (Smith 2003).

O É hoje geralmente aceite que a eutrofização cultural pode estimular o crescimento rápido de plantas e algas, obstruindo os cursos de água e criando potencialmente florescências de algas tóxicas. As condições de hipoxia (oxigénio muito baixo) podem resultar da morte e decomposição destas plantas e algas, que retiram o oxigénio dissolvido da água, provocando a morte dos peixes e degradando o valor estético e recreativo do lago (ESA 2008). A eutrofização cultural é um problema cada vez mais global, uma vez que a deterioração da qualidade da água e a produtividade biológica excessiva nos lagos provocam danos ambientais e sociais significativos. Na identificação de fontes, existe uma forte relação entre a biomassa de algas e a carga de nutrientes, sendo o fósforo o principal elemento entre a biomassa de algas e a carga de nutrientes, sendo o fósforo o principal nutriente limitante nas massas de água doce. Por conseguinte, a maioria dos esforços para controlar a biomassa de algas nos lagos concentra-se na redução dos níveis de fósforo na água (Smith 1999).

O As estratégias desenvolvidas para reduzir os níveis de fósforo na água as estratégias desenvolvidas para atenuar a eutrofização, as abordagens integradas centradas na restrição da carga de nutrientes devem ser a pedra angular essencial da eficácia. Esta abordagem incorporaria restrições de carga de nutrientes com bio-manipulação para limitar. Os níveis de fósforo e azoto nos lagos e a alteração da cadeia alimentar para controlar a população de fitoplâncton, que é o principal contribuinte para a eutrofização. O escoamento superficial, especialmente de áreas urbanas e agrícolas, transporta fertilizantes, pesticidas, sedimentos e/ou efluentes industriais que aceleram a eutrofização quando descarregados na massa de água (Smith et al. 1999). Com eutrofização severa, resultam frequentemente condições hipóxicas, perturbando a teia alimentar normal e os processos do ecossistema ao criar uma "zona morta" onde nenhuma vida animal pode ser sustentada (Smaya 2008). Na década de 1960, o lago Washington (Seatels, EUA) foi um dos exemplos mais divulgados de eutrofização antropogénica. No máximo de eutrofização, o lago Washington recebia 20 milhões de galões de efluentes de águas residuais por dia (Edmondson 1991), provenientes de terras agrícolas e aquáticas desenvolvidas, que suavam o lago; estimulando o crescimento de plantas e algas que sufocavam a maioria das outras espécies (Edmondson 1970). Os lagos e reservatórios deterioram-se devido à adição excessiva de nutrientes às plantas, matérias orgânicas e fendas, que se combinam para produzir um aumento da biomassa de algas e de plantas enraizadas, uma redução da ousadia da água e, normalmente, uma diminuição dos volumes de água (Harper 1992).

O se o lago servir como fonte de água potável, o crescimento excessivo de algas obstrui a captação, aumenta a corrosão das condutas, torna a filtragem mais dispendiosa e causa frequentemente problemas de sabor e odor (Vollenweiders 1968).

O A remoção de algas também aumenta os custos de filtragem para as indústrias que utilizam águas eutrópicas. Em geral, as pessoas consideram que as águas límpidas são esteticamente mais agradáveis do que as águas turvas e turvas. Os impactos sociais e económicos são importantes e o controlo da eutrofização é necessário.

O Quando os fosfatos são introduzidos nos sistemas hídricos, uma concentração mais elevada provoca um aumento do crescimento de algas e plantas.

O À medida que as fontes de nutrientes atingem níveis mais elevados e as condições se mantêm favoráveis, a proliferação de algas pode tornar-se um fenómeno a longo prazo com impacto no ecossistema.

O As algas tendem a crescer muito rapidamente com uma elevada disponibilidade de nutrientes, mas cada alga tem uma vida curta, o que resulta numa elevada concentração de matéria orgânica morta que começa a decompor-se. O processo de decomposição consome o oxigénio dissolvido na água, os animais e as plantas morrem em grande número. Em condições eutróficas graves, a proliferação de algas nocivas (HAB) é um fenómeno que pode ter um impacto negativo nos outros organismos devido à produção de toxinas naturais, à inflição de danos mecânicos ou a outros meios.

Conclusões

O Justus Von Liebig descobriu que as plantas de água doce e as plantas marinhas são igualmente sensíveis à entrada de nutrientes. As entradas antropogénicas de nutrientes na superfície terrestre e na atmosfera aumentaram muito nos últimos dois séculos. O enriquecimento em nutrientes, ou eutrofização, pode levar a alterações altamente indesejáveis nas estruturas e funções dos ecossistemas.

O As actividades humanas provocaram fortes alterações na estrutura e na função do seu ambiente. A produção mundial de fertilizantes agrícolas aumentou de menos de 10 milhões de toneladas métricas de N em 1950 para 80 milhões de toneladas métricas em 1990.

O O excedente N pode

O Acumula-se nos solos

O deslocam-se da terra para as águas superficiais; 3. migram para as águas subterrâneas; 4. entram na atmosfera através da produção de amoníaco por volatilização (C.F. Nolten et al 1997; Carpenter et al; 1998). e óxido nitroso.

O Esta deposição atmosférica de N pode ter fortes efeitos nas estruturas e funções. A combustão de combustíveis fósseis provoca uma emissão adicional de mais de 20 milhões de toneladas métricas de N para a atmosfera (Vitousek et al., 1997 a).

O Esta deposição atmosférica de N pode ter fortes efeitos nas estruturas e no funcionamento dos ecossistemas terrestres e marinhos

O (Pearl 1995; Waring e Running 1998). Para além das fontes atmosféricas e agrícolas de N e P acima referidas, a utilização humana de água corrente e de sistemas convenientes de eliminação de águas residuais.

O A carga de N e P nos rios, lagos e oceanos do mundo é, portanto, fortemente influenciada pelas densidades populacionais humanas. As densidades populacionais de animais vivos e a utilização dos solos (Omernik, 1977, Smith et al., 1997). A taxa de fornecimento de N e P também influenciou fortemente o crescimento de algas e plantas vasculares em ecossistemas de água doce e marinhos (Vollenweider 1968; Hecky e kilham 1988; Howarh 1980; Smith 1998).

A eutrofização é o processo pelo qual as massas de água se tornam mais eutróficas através de um aumento do seu fornecimento de nutrientes, embora a água doce (Edmondson; 1995).

O A eutrofização é, de facto, o problema de qualidade da água mais difundido no mundo (Carpenter et al.,1998).Efeitos nos lagos e reservatórios. Uma chave vital para a gestão da eutrofização de lagos e albufeiras tem sido o desenvolvimento de modelos que associam a concentração de nutrientes das massas de água ao público como sendo importante e digna de ser preservada (Smith et al., 1998).

O Para além das fontes atmosféricas e agrícolas de N e P acima referidas, os seres humanos utilizam as águas correntes como sistemas convenientes de eliminação de águas residuais. A carga de N e P nos rios, lagos e oceanos do mundo é fortemente influenciada pelas densidades populacionais humanas.

O As variáveis de qualidade mais frequentemente identificadas como preocupantes nos ecossistemas aquáticos Reckshow e Chara 1983). É a acumulação de níveis incómodos de biomassa algal, que são facilmente observados pelo público. Além disso, a redução da biomassa de algas para níveis aceitáveis para o público tem sido uma caraterística. Comum a todos os esforços bem sucedidos de controlo da eutrofização (Smith 1998).

O A eutrofização reduzida pelo homem degradou fortemente o sistema de água doce em todo o mundo, reduzindo a qualidade da água e alterando a estrutura e a função do ecossistema, o crescimento da população, a rápida industrialização e a utilização excessiva de fertilizantes resultaram em quantidades desproporcionadas de fósforo no lago, estimulando o crescimento excessivo de plantas e algas. Prevê-se que a procura de recursos de água doce aumente substancialmente (Jorgenson et al 2001). Estas influências antropegénicas têm graves repercussões ambientais e económicas. Em última análise, é imperativo aumentar a consciencialização pública e a educação ambiental dos cidadãos e também desenvolver uma estratégia integrada para reduzir a eutrofização (Jorgenson 2001). Só o esforço coletivo da comunidade pode reduzir mais eficazmente a entrada de nutrientes no lago (por exemplo, através da redução do uso de detergentes) e controlar a eutrofização cultural. A duplicação do rendimento alimentar exige um aumento de dez vezes do combustível, dos adubos e dos pesticidas (E.P.Odum 1971). As algas azuis e verdes, algumas das quais têm cápsulas gelatinosas e prosperam com a poluição orgânica, entupindo assim o abastecimento público de água e criando problemas nos lagos de recreio. A ecologia preocupa-se não só com o organismo, mas também com os fluxos de energia e os ciclos de materiais na terra, nos oceanos, no ar e nas águas doces, ecologia.

O Os especialistas em controlo da poluição da água não conseguiram, no passado, compreender estas relações e tentaram identificar um único fator como causa da proliferação de algas indesejáveis, mas instáveis, resultantes da poluição (síndrome de um problema e uma solução). A estratégia de controlo da poluição da água deve envolver a redução da entrada de todos os materiais enriquecedores e tóxicos, e não apenas um ou dois itens proibidos, como o geógrafo M.G. Wolmann 1971. A procura de recursos hídricos está a aumentar a uma taxa que excede a taxa de instalação de instalações de tratamento de resíduos.

O A alteração da disponibilidade de água doce será consequência das alterações climáticas globais. A gestão dos recursos hídricos deve ser adaptada aos efeitos das alterações climáticas, adoptando uma abordagem regional da gestão dos ecossistemas. Os fertilizantes inorgânicos presentes nos efluentes do tratamento de águas residuais que entram nos lagos aumentam as suas taxas de produção primária e alteram a composição da comunidade aquática.

O A água eutrófica requer água fresca, límpida e rica em oxigénio pode desaparecer; o crescimento de algas e plantas aquáticas pode tornar-se tão grande que interfira com a natação ou os orgânicos dissolvidos não decompostos podem causar um mau sabor à água, mesmo depois de esta ter passado pelos sistemas de purificação da água.

O O esforço para desviar os resíduos municipais de certos lagos demonstrou que a eutrofização cultural pode ser reservada, no sentido em que alguns lagos voltarão a estar em condições menos férteis com uma melhor qualidade da água em termos de utilização humana. (Edmondson,1968).

O Fontes de fósforo - Agricultura =62%, cidade grande=-9%, indústria=l%, fossa séptica=14%

O A eutrofização pode dar origem a impactos estéticos indesejáveis sob a forma de aumento da turvação, descoloração, odores desagradáveis, lodos e formação de espuma. A eutrofização acaba por destruir a biodiversidade, através da proliferação e dominância de plantas tolerantes aos nutrientes e de espécies vegetais. Estas tendem a deslocar espécies mais sensíveis e de maior valor de conservação, alterando a estrutura da comunicação ecológica. A eutrofização também pode afetar negativamente uma grande variedade de utilizações da água, como o abastecimento de água (por exemplo, danos, entupimento de filtros em estações de tratamento). Algumas bactérias são prejudiciais para as condutas de água subterrâneas.

O Os principais efeitos causados pela eutrofização podem ser resumidos da seguinte forma

O A diversidade das espécies diminui e o biota dominante altera-se

- Aumento da biomassa vegetal e animal
- Aumento da turvação
- A taxa de sedimentação aumenta, encurtando o tempo de vida do lago
- Podem desenvolver-se condições anóxicas

O Quadro 1 para o tipo de alagem

O Algas de água limpa Algas de poluição - Algas comuns em zonas enriquecidas organicamente

O Algas azuis-verdes

O Agmenellumquadriduplicatumglaucatype

Tipo Agmenellumquadriduplicatumtenuissima

O Calothrixparietina, Anabaena constricta

O Coccochorisstagnina Anacystismontana

O Entophysalislemaniae Artospirajenneri

O Microcoleussubtorolosus Lyngbyadigueti

O Phormidiuminundatum Oscillatoriachalybea

O Oscillatoriachlorina

O Oscillatoriaformosa

O Oscillatorialauterbornii

O Oscillatorialimosa

O Oscillatoriapriceps

O Oscilador de pulso

O Osciladores

O As alterações dos níveis de nutrientes e da biologia podem afetar diretamente as actividades humanas. Os principais problemas que ocorrem podem ser resumidos da seguinte forma:

O A água pode ser prejudicial para a saúde
O O valor de amenidade da água pode diminuir
O O aumento da vegetação pode impedir o fluxo de água e a navegação
O Espécies de peixes comercialmente importantes podem desaparecer
■ O tratamento da água potável pode ser difícil e o abastecimento pode ter um sabor ou odor inaceitável

O Florescimento de algas e cianobactérias

O A eutrofização cultural provoca uma proliferação excessiva de algas nas massas de água, com a consequente sobrecarga de algas. Em determinadas condições de escuridão e temperaturas quentes, estas florescências podem morrer, decompor-se e produzir um odor desagradável a esgoto. Se a água recetora for utilizada como abastecimento de água bruta para alguma agência pública ou privada, as algas podem ser difíceis de remover e, consequentemente, acrescentar certos sabores desagradáveis à água fornecida. As algas têm também a tendência para absorver e concentrar nutrientes minerais nas suas células. Quando morrem, no final da estação de crescimento, depositam-se no fundo do riacho ou do lago, de onde libertam esses nutrientes minerais e orgânicos no início da estação de crescimento seguinte. Deste modo, funcionam como uma forma de poluição secundária.

O Um dos sintomas mais comuns da eutrofização de um lago é o desenvolvimento de florescências de algas azuis-verdes (cianobactérias). Estas podem ser geradas pela atividade humana: por exemplo, o escoamento de sedimentos de estaleiros de construção pode diminuir muito a claridade da água e, por conseguinte, diminuir a quantidade de luz disponível para o fitoplâncton. As cianobactérias são capazes de se manter perto da superfície da água através de vacúolos especiais cheios de gás que dão às plantas uma ligeira flutuabilidade positiva. Quando as cianobactérias ou, mais geralmente, as algas atingem concentrações elevadas, podem surgir problemas: têm um impacto negativo na qualidade da água, criando problemas de sabor e odor e interferindo com determinados processos de tratamento da água. Quando certas populações de bactérias atingem proporções muito elevadas, podem também produzir toxinas que podem tornar a água imprópria para consumo.

O Crescimento excessivo de aguaticmacrófitas

O O aumento dos níveis de nutrientes pode estimular outras formas de produção primária, para além das algas e das cianobactérias. As zonas litorais de muitas massas de água enriquecidas com nutrientes estão frequentemente repletas de crescimentos excessivos de macrófitas aquáticas, que podem influenciar a atividade recreativa e industrial e alterar a estrutura da cadeia alimentar. O crescimento excessivo de fitoplâncton e de plantas macroscópicas na água cria problemas estéticos e reduz o valor da massa de água como recurso recreativo. De um ponto de vista puramente estético, a água cristalina caraterística dos sistemas oligotróficos é mais atractiva para a natação e a navegação. Concentrações elevadas de fitoplâncton fazem com que a água pareça turva e esteticamente pouco atractiva. As plantas macroscópicas podem cobrir completamente toda a superfície dos lagos eutróficos, tornando a água quase totalmente imprópria para a natação e a navegação.

O Depleção de oxigénio em águas profundas

O oxigénio é necessário para todas as formas de vida do planeta, com exceção de algumas bactérias. Por esta razão, o esgotamento do oxigénio é considerado um grave problema de gestão dos lagos, frequentemente associado à eutrofização: esta provoca um aumento da produção de matéria orgânica, pelo que mais material é sedimentado nas águas profundas, consumindo oxigénio. Uma vez que é impossível para alguns organismos funcionarem eficientemente a menos que a concentração de oxigénio na água esteja próxima da saturação, esses organismos estão frequentemente ausentes dos ambientes eutróficos. Este problema pode impedir que os peixes ou outros biota habitem as regiões de águas profundas dos lagos anóxicos. Pode ser um fenómeno sazonal ou noturno.

Capítulo 4
Papel da agricultura na eutrofização

No seu resumo dos impactos dos fertilizantes na qualidade da água, a FAO/ECE (1991) citou os seguintes problemas:

- A fertilização das águas de superfície (eutrofização) resulta, por exemplo, num crescimento explosivo de algas que provoca alterações perturbadoras do equilíbrio biológico [incluindo a morte de peixes]. Isto aplica-se tanto às águas interiores (valas, rios e lagos) como às águas costeiras.
- As águas subterrâneas estão a ser poluídas principalmente por nitratos. Em todos os países, as águas subterrâneas são uma importante fonte de água potável. Em várias zonas, as águas subterrâneas estão poluídas de tal forma que já não podem ser utilizadas como água potável de acordo com as normas actuais.

Embora estes problemas tenham sido atribuídos principalmente aos fertilizantes minerais pela FAO/ECE (1991), em algumas zonas o problema está particularmente associado à aplicação extensiva e intensiva de fertilizantes orgânicos (estrume).

O O papel exato da agricultura na eutrofização das águas superficiais e na contaminação das águas subterrâneas é difícil de quantificar. Quando se justifica, a utilização de isótopos ambientais pode ajudar a diagnosticar as vias de entrada e saída de poluentes nas águas subterrâneas (IAEA, pers. comm. 1996). O RIVM (1992), citando Isermann (1990), calculou que a agricultura europeia é responsável por 60% do fluxo fluvial total de azoto para o Mar do Norte e por 25% da carga total de fósforo. A agricultura contribui também de forma substancial para a carga total de azoto atmosférico para o mar do Norte e o mar Báltico. Esta representa 65% e 55%, respetivamente. A Checoslováquia comunicou que a agricultura contribui com 48% da poluição das águas de superfície; a Noruega e a Finlândia comunicaram uma eutrofização local significativa das águas de superfície resultante da agricultura; considera-se que os elevados níveis de utilização de N e P são responsáveis pela proliferação de algas no Adriático; foram feitas observações semelhantes nas águas costeiras dinamarquesas; foi também comunicada uma contaminação substancial das águas subterrâneas por nitratos nos Países Baixos (FAO/ECE, 1991). O Lago Erie (um dos Grandes Lagos da América do Norte) foi declarado "morto" pela imprensa devido aos elevados níveis de nutrientes, acompanhados por um crescimento excessivo de algas, morte de peixes e sedimentos de fundo anaeróbicos.

O A situação do azoto, tal como a do fósforo, era bastante variável de país para país. As estatísticas dinamarquesas indicam que o estrume contribui com pelo menos 50% da lixiviação de azoto inorgânico (Joly, 1993). Nos Países Baixos, o azoto proveniente de fontes agrícolas não pontuais representava 71% da carga total de azoto gerada nos Países Baixos (ECE, 1992).

O Um estudo realizado por Ryding (1986) na Suécia demonstrou como os lagos que não eram afectados por fontes pontuais industriais ou municipais sofreram alterações a longo prazo no estado dos nutrientes em resultado das actividades agrícolas na bacia hidrográfica. Durante o período 1973-1981, o estado dos nutrientes do lago Oren aumentou de 780 para 1000 mg/m3 para o N total e de 10 para 45 mg /m3 para o P total. A transparência do lago diminuiu de 6,2 para 2,6 m e registou-se uma proliferação periódica (intensa) de algas.

o Os EUA consideram a agricultura como a principal fonte de degradação dos rios e lagos do país, sendo os nutrientes o segundo poluente que mais afecta os rios e lagos, logo a seguir ao assoreamento.

o As utilizações agrícolas associadas a más práticas de gestão dos solos que conduzem à erosão também produzem perdas significativas de nutrientes. Os resíduos, os estrumes e as lamas, através de processos de concentração biológica, podem fornecer aos solos 100 vezes mais produtos perigosos do que os fertilizantes para um teor equivalente de nutrientes para as plantas (Joly, 1993). Este facto é considerado um problema ambiental (e de qualidade da água) importante nas zonas urbanas de muitos países em desenvolvimento.

0	Gestão das culturas	Variação percentual

o **PN**

o RotaçãoMaize +10 +65

o Aveia, luzerna - 05 +33

o Alfafa 1º ano +17 -08

o Alfafa 2º ano. +59 +09

o Milho contínuo +12 +102

o Relva de relva azul +12 -69

o Média +17 +27

o Nota: Valores de +/-15% estão provavelmente dentro dos limites de deteção dos métodos utilizados.

O O enorme aumento da utilização de fertilizantes a nível mundial nas últimas décadas está bem documentado.

O EUTROFIZAÇÃO DA ÁGUA

O Eutrofização é quando o ambiente se torna enriquecido com nutrientes. Isto pode ser um problema em habitats marinhos, como os lagos, pois pode causar a proliferação de algas.

Os fertilizantes são frequentemente utilizados na agricultura. Por vezes, estes fertilizantes escorrem para as águas próximas, provocando um aumento dos níveis de nutrientes.

- Isto faz com que o fitoplâncton cresça e se reproduza mais rapidamente, resultando na proliferação de algas.
- Esta proliferação de algas perturba o funcionamento normal do ecossistema e causa muitos problemas.
- As algas podem consumir todo o oxigénio da água, não deixando nenhum para a outra vida marinha. Isto resulta na morte de muitos organismos aquáticos, como os peixes, que precisam do oxigénio da água para viver.
- A proliferação de algas pode também bloquear a luz solar das plantas marinhas fotossintéticas que se encontram sob a superfície da água.
- Algumas algas produzem mesmo toxinas que são prejudiciais às formas de vida superiores. Isto pode causar problemas ao longo da cadeia alimentar e afetar qualquer animal que se alimente delas.
- **Eutrofização num ecossistema aquático:-**

Embora a eutrofização seja um processo natural no envelhecimento dos lagos e de alguns estuários, as actividades humanas podem acelerar grandemente a eutrofização, aumentando a taxa a que os nutrientes e as substâncias orgânicas entram nos ecossistemas aquáticos a partir das bacias hidrográficas circundantes. O escoamento agrícola, o escoamento urbano, as fugas de sistemas sépticos, as descargas de esgotos, a erosão das margens dos cursos de água e outras fontes semelhantes podem aumentar o fluxo de nutrientes e substâncias orgânicas para os sistemas aquáticos.

O Estas substâncias podem estimular excessivamente o crescimento de algas, criando condições que interferem com a utilização recreativa dos lagos e estuários, bem como com a saúde e a diversidade das populações indígenas de peixes, plantas e animais. A proliferação de algas prejudica o sistema de duas formas.

- Em primeiro lugar, turvam a água e bloqueiam a luz solar, provocando a morte das ervas subaquáticas. Uma vez que estas gramíneas fornecem alimento e abrigo a criaturas aquáticas (como o caranguejo azul e a solha de verão), o habitat de desova e de viveiro é destruído e as aves aquáticas têm menos alimento quando as gramíneas morrem.
- Em segundo lugar, quando as algas morrem e se decompõem, o oxigénio é consumido. O oxigénio dissolvido na água é essencial para a maioria dos organismos que vivem na água, como os peixes e os caranguejos. O aumento da eutrofização resultante do enriquecimento em nutrientes devido às actividades humanas é um dos principais problemas que alguns estuários do Atlântico Médio enfrentam.

O Fertilizantes orgânicos

O Os fertilizantes químicos têm vindo a afetar negativamente a flora, a fauna e a qualidade do solo, e cada vez mais os agentes patogénicos das plantas causam perdas de 10 a 20% da produção agrícola mundial. A vermicompostagem é um processo natural realizado por microrganismos que transformam a matéria orgânica/biodegradável numa matéria escura. Substâncias terrosas e cheirosas chamadas composto ou húmus.

O A importância e, nalguns casos, os principais problemas associados aos fertilizantes orgânicos, merecem uma menção especial. O estrume produzido por bovinos, suínos e aves de capoeira é utilizado como fertilizante orgânico em todo o mundo. A isto juntam-se os excrementos humanos, especialmente em alguns países asiáticos onde os excrementos animais e humanos são tradicionalmente utilizados na piscicultura e nos solos. Para além dos problemas associados à aplicação excessiva de estrume na terra, existe o problema do escoamento direto das explorações intensivas de bovinos, suínos e aves de capoeira. Embora este problema seja controlado em muitos países ocidentais, constitui um grave problema para a qualidade da água em grande parte do resto do mundo.

- Fertilização das águas superficiais, tanto em resultado de descargas diretas de estrume como em consequência da lixiviação de nitratos, fosfatos e potássio do solo.
- Contaminação das águas subterrâneas em resultado da lixiviação, especialmente de nitratos. Os fosfatos são menos facilmente lixiviados, mas em áreas onde o solo está saturado de fosfato, esta substância é encontrada nas águas subterrâneas com cada vez mais frequência.
- As águas de superfície e as águas subterrâneas estão a ser contaminadas por metais pesados. Concentrações elevadas destas substâncias constituem uma ameaça para a saúde do homem e dos animais. Em certa medida, estes metais pesados acumulam-se no solo, de onde são absorvidos pelas culturas. Por exemplo, o estrume de suínos contém quantidades significativas de cobre.
- Acidificação em resultado da emissão de amoníaco (volatilização) proveniente do alojamento dos animais, das instalações de armazenamento de estrume e do estrume espalhado no solo. O amoníaco constitui uma contribuição importante para a acidificação do ambiente, especialmente em zonas com uma pecuária intensiva considerável.

O Química ambiental

O Os principais processos hidrológicos que ligam a precipitação, o escoamento superficial e a lixiviação, e que dão origem à erosão e ao transporte de partículas de solo quimicamente enriquecidas, são componentes importantes da química ambiental, do transporte e do destino dos produtos fertilizantes.

O A dinâmica ambiental do azoto e do fósforo é bem conhecida, embora as transformações pormenorizadas do azoto que ocorrem no solo e na água sejam difíceis de estudar e documentar. O ciclo do azoto está representado na Figura.

O azoto é composto pelas formas: N orgânico solúvel, NH4-N (amónio), NO3-N (nitrato), NO2-N (nitrito), e N associado ao sedimento como NH4-N permutável ou N orgânico. O ciclo do azoto é extremamente dinâmico e complexo, especialmente os processos microbiológicos responsáveis pela mineralização, fixação e nitrificação do azoto do solo. Geralmente, em solos não encharcados, o azoto do solo (contido como proteína na matéria vegetal) e o azoto dos fertilizantes são microbiologicamente transformados em NH4 (amónio) através do processo de amonificação. O ião amónio é oxidado por dois grupos de bactérias (Nitrosaminas e Nitrobactérias) a NO3 com um produto intermédio instável NO2 num processo denominado nitrificação. A ureia é facilmente hidrolisada em amónio. A DE nitrificação ocorre em condições anóxicas, como nas zonas húmidas, onde o NO3 é reduzido a várias formas gasosas. O ciclo do N é largamente controlado por bactérias; por conseguinte, a taxa de ciclo do N depende de factores como a humidade do solo, a temperatura, o pH, etc. O NO3 é o produto final da decomposição aeróbia do N e está sempre dissolvido e é móvel.

O Do ponto de vista da qualidade da água, o ião amónio (NH4) pode ser adsorvido a partículas de argila e deslocado com o solo durante a erosão. Mais importante ainda, porém, o NH4 e o NO3 são solúveis e são mobilizados através do perfil do solo para as águas subterrâneas durante os períodos de chuva pelo processo de lixiviação. O NO3 também é observado no escoamento superficial durante as chuvas. A prevenção da poluição por azoto das águas superficiais e subterrâneas depende em grande medida da capacidade de manter o NO3 no solo apenas até ao nível que pode ser absorvido pela cultura e de reduzir a quantidade de NO3 retida no solo após a colheita.

O Fertilizantes minerais

O A resposta à necessidade de controlar a lixiviação e o escoamento de nutrientes e a contaminação dos solos e da água por metais pesados tem sido variável na Europa. As medidas de controlo fazem parte da questão mais vasta da utilização de fertilizantes minerais e orgânicos. A FAO/ECE (1991) resumiu os tipos de controlos voluntários e obrigatórios na Europa que se aplicam aos fertilizantes minerais

O Impostos sobre fertilizantes.

O Exigência de planos de fertilização.

O Prevenir a lixiviação de nutrientes após a estação de crescimento, aumentando a área coberta de vegetação no outono/inverno e semeando culturas com elevado teor de azoto

O Promover e subsidiar melhores métodos de aplicação, desenvolver novos fertilizantes respeitadores do ambiente e promover a análise dos solos.

O Limitar severamente a utilização de fertilizantes, por exemplo, nas zonas de extração de água e nas zonas de proteção da natureza.

O Em qualquer local onde a agricultura e/ou a pecuária intensivas produzam riscos graves de poluição por azoto, Ignazi (1993) recomendou as seguintes medidas essenciais que são tomadas a nível da exploração agrícola:

O Aplicação racional de azoto: Para evitar a fertilização excessiva, a taxa de fertilizante azotado a aplicar deve ser calculada com base no "balanço do azoto da cultura". Este tem em conta as necessidades das plantas e a quantidade de azoto no solo.

O Cobertura vegetal: Na medida do possível, manter o solo coberto de vegetação. Isto inibe a acumulação de azoto solúvel, absorvendo o azoto mineralizado e evitando a lixiviação durante os períodos de chuva.

O Gerir o período entre culturas: Os resíduos orgânicos produzidos pela colheita são facilmente mineralizados em N lixiviável. As medidas para reduzir o N lixiviável incluem a plantação de culturas de "adubo verde" e o adiamento da lavoura de palha, raízes e folhas no solo.

O Irrigação racional: A irrigação deficiente tem um dos piores impactos na qualidade da água, enquanto a irrigação de precisão é uma das práticas menos poluentes, além de reduzir o custo líquido da água fornecida.

O Otimizar outras técnicas de cultivo: Os rendimentos mais elevados com impactos mínimos na qualidade da água exigem a otimização de práticas como o controlo de ervas daninhas, pragas e doenças, calagem, fertilizantes minerais equilibrados, incluindo oligoelementos, etc.

O Planeamento agrícola: Aplicar técnicas de controlo da erosão (ver capítulo 2) que complementem as condições topográficas e do solo.

Fertilizantes orgânicos

O As medidas de controlo voluntárias e legisladas na Europa deverão ter os seguintes benefícios:

O Reduzir a lixiviação de nutrientes

- Redução das emissões de amoníaco
- Reduzir a contaminação por metais pesados

O A natureza destas medidas varia de país para país; no entanto, a FAO/ECE (1991) resumiu os tipos de controlo voluntário e obrigatório da seguinte forma

O Número máximo de animais por hectare com base na quantidade de estrume que pode ser aplicada com segurança por hectare de terra.

O As quantidades máximas de estrume que podem ser aplicadas no solo são fixadas com base no teor de N e P do estrume.

O Explorações que pretendam manter mais do que um determinado número de animais.

O Os períodos durante os quais é permitido aplicar estrume na terra foram limitados e é obrigatório trabalhá-lo no solo imediatamente a seguir.

O Estabelecimento de regulamentos sobre a capacidade mínima das instalações de armazenamento de estrume.

O Estabelecer planos de fertilização.

O Taxas (impostos) sobre o estrume excedente.

O As áreas com coberto vegetal de outono/inverno foram alargadas e está a ser promovido o pousio verde.

O Quantidades máximas estabelecidas para a disseminação de lamas de depuração no solo com base no teor de metais pesados.

O Alteração da composição dos alimentos para reduzir a quantidade de nutrientes e de metais pesados.

O Investigação e aplicação de meios de redução das perdas de amoníaco.

Capítulo 5

Gestão de lamas e tratamento de águas residuais

O As lamas são aqui mencionadas apenas na medida em que o espalhamento de lamas provenientes de instalações municipais de tratamento de águas residuais em terrenos agrícolas é um método utilizado para eliminar as lamas municipais de uma forma que é considerada benéfica. As alternativas são a incineração e a deposição em aterro. A FAO/ECE (1991) inclui as lamas na categoria dos fertilizantes orgânicos, mas nota que as lamas contêm frequentemente níveis inaceitáveis de metais pesados. A poluição da água pelo escoamento das lamas é, de resto, idêntica à do estrume acima referido.

O Economia do controlo do escoamento de fertilizantes

O A perda de nutrientes está intimamente associada aos fenómenos de precipitação-escoamento. No caso do fósforo, que tende a estar associado à fase sólida (sedimentos), as perdas por escoamento estão diretamente ligadas à erosão. Por conseguinte, a economia do controlo dos nutrientes tende a estar intimamente ligada aos custos do controlo do escoamento superficial e da erosão. Por conseguinte, este aspeto será aqui brevemente abordado. Em particular, é útil examinar o custo económico do escoamento de nutrientes que devem ser substituídos por fertilizantes para que a terra se mantenha produtiva.

O A ligação entre a erosão, o aumento da aplicação de fertilizantes e a perda de produtividade do solo é muito direta em muitos países.

O Aquicultura

O A aquicultura é um caso especial de poluição agrícola. Existem duas formas principais: sistemas baseados em terra e sistemas baseados na água. Os controlos dos efluentes são possíveis nos sistemas terrestres, mas os sistemas aquáticos apresentam problemas específicos. A aquicultura está a expandir-se rapidamente na maior parte do mundo desenvolvido e em desenvolvimento, tanto em ambientes de água doce como marinhos. Em contrapartida, a pesca costeira está a diminuir na maioria dos países.

O O impacto ambiental é principalmente função da composição dos alimentos e da conversão alimentar (resíduos fecais), bem como de diversos produtos químicos utilizados como biocidas, desinfectantes, medicamentos, etc. Estima-se que o desperdício de alimentos (alimentos não consumidos pelos peixes) seja de 20% (Ackefors e Enell, 1992) na aquicultura europeia. Os resíduos de alimentos para animais e a produção fecal acrescentam cargas substanciais de nutrientes aos sistemas aquáticos.

O Outros problemas ambientais incluem o risco de doenças e de transferência de doenças para os peixes selvagens, a introdução de espécies exóticas, os impactos nas comunidades bentónicas e na eutrofização da água, o cruzamento de peixes de cultura fugidos com peixes selvagens, com a consequente alteração genética da população selvagem.

O Os sistemas tradicionais de aquicultura integrada, como na China, onde se pratica a cultura de peixes de esgotos, podem ter uma influência estabilizadora em todo o ecossistema (Rosenthal, 1992). Isto é recomendado, especialmente nos países em desenvolvimento onde a água e os recursos são escassos ou caros.

O Problemas de recuperação de lagos eutróficos

O Os lagos eutróficos e hipertróficos tendem a ser pouco profundos e sofrem de elevadas taxas de carga de nutrientes provenientes de fontes pontuais e não pontuais. Em zonas de solos ricos, como as pradarias canadianas, os sedimentos do fundo dos lagos são constituídos por partículas de solo enriquecidas em nutrientes, erodidas dos solos circundantes. A associação do fósforo aos sedimentos é um problema grave na recuperação de lagos pouco profundos e enriquecidos. As partículas enriquecidas em fósforo depositam-se no fundo do lago e formam uma grande reserva de nutrientes nos sedimentos de fundo, que está prontamente disponível para as plantas enraizadas e que é libertada dos sedimentos de fundo em condições de anoxia para a coluna de água sobrejacente e que é rapidamente utilizada pelas algas. Esta reserva de fósforo, conhecida como a "carga interna" de fósforo, pode compensar grandemente quaisquer medidas tomadas pelos gestores das bacias hidrográficas para controlar a eutrofização dos lagos através do controlo das fontes externas de fósforo provenientes da agricultura e de fontes pontuais. Historicamente, a dragagem dos sedimentos de fundo era considerada o único meio de remediar os sedimentos lacustres ricos em nutrientes; no entanto, a tecnologia moderna oferece agora métodos alternativos e mais rentáveis de controlo das cargas internas de fósforo através da oxigenação e do tratamento químico dos sedimentos in situ para imobilizar o fósforo. No entanto, a recuperação dos lagos é dispendiosa e deve fazer parte de um programa global de gestão das bacias hidrográficas

O Referências

O Carpenter SR, Christensen DL, Cole JJ et al, 1995, controlo biológico da eutrofização em lagos. Ciências ambientais e tecnologia 29:784-786.

O Smith V.H., 2003. Eutrofização da água doce e dos ecossistemas marinhos costeiros: um problema global Environmental Science and pollution Research 10: 126-139.

O Smith V.H. Tillman GD e Nikola J.C., 1999. Eutrophication: impacts of excess nutrients inputs on fresh Water; Marine and terrestrial ecosystems. Environmental pollution 100:179-196.

O Vollenweider R.A. 1968. Scientific fundamentals of the eutrophication of lakes and flowing Waters, with references to nitrogen and phosphorous as factors in eutrophication, DAS/ CSE768.27,

O OMS (Organização Mundial de Saúde) questões sobre a água e as doenças infecciosas. Relatório da Organização Mundial de Saúde n.º 2.

- Sharma P.D. 2009, ecologia e ambiente; 10ª ed., Meerut Índia; Rastogi Publication. Meerut Índia; Publicação Rastogi.
- Anderson DM, Gilbert PM e Burkholder JM. 2002. Harmful Algal Blooms and Eutrophication: Nutrient sources, composition, and consequences sources (Fontes de nutrientes, composição e consequências).
- Schildler DW. 2006. Recent in the understanding and management of eutrophication, limnology and oceanography 5:356-363.
- NOAA (National Oceanic and Atmospheric Administration) .2009.Phytoplankton Blooms: The Basics. 27 de setembro de 2009.
- Carpenter SR, 2008. O controlo do fósforo é fundamental para mitigar a eutrofização. Actas da Academia Nacional de Ciências 105:11039-11040.
- Litke DW.1999. Revisão das medidas de controlo do fósforo nos EUA e seus efeitos no programa de avaliação da qualidade da água: Water- Resources Investigation Reportnr99-4007.
- Lathrop RC, Carpenter SR, Panuska JC, Soranno PA, e stow CA.1998. A redução da carga de fósforo necessária para controlar a proliferação de algas azuis e verdes na bacia de Mendota. Canadian Journal of Fisheries and Aquatic Science 55:1169-1178.
- Jorgenson SE.2001.Water Quality: The impact of Eutrophication Lakes and Reservoirs 3:15-18.
- ESA (Sociedade Ecológica da América) 2008, Hypoxia Washington DC: Sociedade Ecológica da América; lp.
- Edmondson WT. 1970. Phosphorous Nitrogen and Algae in Lake Washington after diversion of Sewage. Sciencel69:690-691.
- Hutchinson G.E., 1969. Eutrophication past and present. Eutrophication: Causes; consequences correctives. Washington D.C. ppl7-26.

■ Lathrop R.C., carpenter S.R., 1992 Zooplankton and their relationship to phytoplankton in: Kitchell J.F. (Ed). Food Web management a case study of lake Mendota Springer Newyork pp.127-150.

■ Liken G.E., Bormann F.H.; 1995, Biogeochemistry of a forested ecosystem; 2nd ed., springer, New york

■ Schindler, D. W, 1997: Evolution of phosphorus limitation in lakes Science 195,260-262.

■ Von Liebig J., 1855 Principle of agricultural Chemistry with special references to the late researcher made in England.

■ Harper D. 1992 Eutrophication of freshwaters: Principal; and restoration Nova Iorque: Chapman & Hall.

■ Hasler A. D,1947. Eutrophication of lakes by domestic drainage ecology 28:383-395.

■ Jorgensen S.E., 2001. Qualidade da água: The impact of eutrophication lakes and Reservoirs 3:15-18.

■ Kund-Hansen C, 1994. Perspetiva histórica dos conflitos entre detergentes fosfatados, 1993. Seminário sobre recursos naturais e política ambiental da Universidade do Colorado Boulder CO. Universidade do Colorado.

■ Smaya J.J., 2008. Complexity in the eutrophication- harmful algal bloom relationship, with comment on the importance of grazing Harmful algae 8:140-151.

■ Wolmann M.G. 1971.

■ E.P.Odum 1971.

O Processos da estação de tratamento de águas residuais

Processo da estação de tratamento de águas residuais

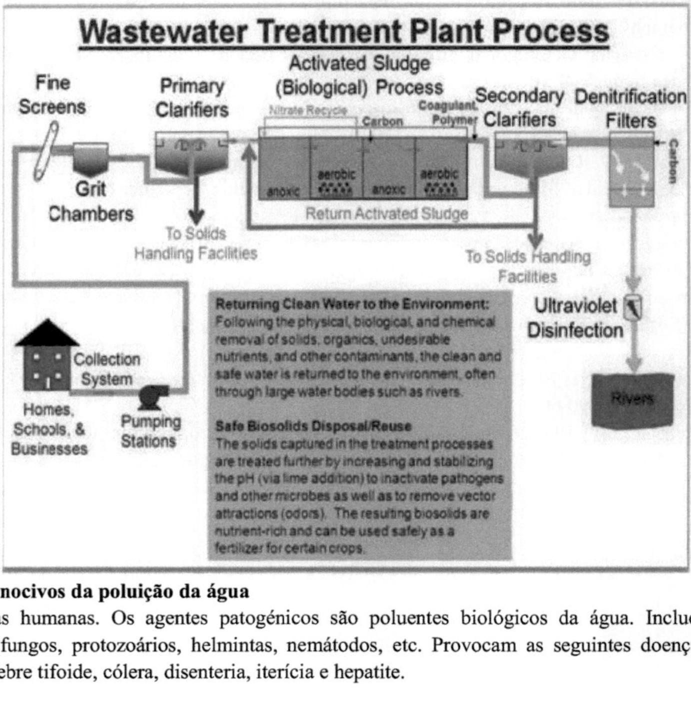

O Efeitos nocivos da poluição da água

O Doenças humanas. Os agentes patogénicos são poluentes biológicos da água. Incluem vírus, bactérias, fungos, protozoários, helmintas, nemátodos, etc. Provocam as seguintes doenças no ser humano: febre tifoide, cólera, disenteria, iterícia e hepatite.

O Perturbações do equilíbrio ecológico:-

O Todos os tipos de poluição da água afectam as formas de vida que se encontram nestas massas de água de várias maneiras. Pode favorecer o crescimento de algumas formas de vida e prejudicar outras formas de vida. Isto afecta o equilíbrio entre os vários organismos que persistem no sistema.

O Remoção de substâncias desejáveis das massas de água. Com o aumento da quantidade de resíduos orgânicos na água, as bactérias multiplicam-se rapidamente e consomem o oxigénio disponível. A falta de oxigénio mata os peixes e outros animais. As carências biológicas de oxigénio (CBO) indicam a qualidade das águas residuais.

O CBO refere-se à quantidade de oxigénio dissolvido necessária para as bactérias decomporem os resíduos orgânicos presentes na água.

O Efeito da poluição térmica ou da mudança de temperatura.

Os organismos aquáticos estão habituados a uma certa amplitude de temperatura na massa de água onde vivem; uma mudança brusca e acentuada da temperatura seria perigosa para eles, por exemplo, afectando a reprodução dos animais aquáticos. Os ovos e as larvas de vários animais são particularmente susceptíveis às variações de temperatura.

O Destruição de microrganismos úteis:-

Quando os resíduos industriais não tratados se misturam com a água dos rios e lagos, etc., os ácidos, os álcalis e os metais pesados presentes nos resíduos industriais matam os organismos de utilização presentes nas massas de água, uma vez que estes microrganismos são a limpeza natural da água, pelo que os processos de auto-purificação são dificultados nestas massas de água.

O Responsabilidade pessoal Água não poluída:-

o "Água, o nosso recurso mais valioso, mantendo-a limpa", assume a responsabilidade pessoal de manter os recursos hídricos livres de poluição. Cada um assume a sua responsabilidade. Frequentemente, as pessoas cometem o erro de pensar que o "Governo" se encarregará de resolver problemas como a poluição da água. Estas pessoas esquecem-se que somos cidadãos de uma nação e que temos a responsabilidade de eliminar a poluição da água dos recursos fluviais.

O Como é que lidamos com os resíduos?

O Apesar dos nossos esforços crescentes: - não existe uma forma completamente segura de nos livrarmos do nosso lixo, todos os métodos de eliminação têm um preço ambiental elevado. A melhor solução para os problemas do lixo é fazer menos mudanças e depois encontrar a forma mais adequada de gerir o que resta.

O Reduzir-Reutilizar-Reciclar-Compostar-Queimar-Burry

O Reduzir o que criamos: - comprar e utilizar, o que deitamos fora é o passo mais importante para poupar os nossos recursos naturais, energia, espaço verde e reduzir a poluição.

O O que escolhemos?

O Comprar e a forma como é embalado tem muito a ver com o que deitamos fora. Temos de mudar os nossos hábitos de consumo e pensar duas vezes antes de comprar, para não criarmos mais lixo.

O Reutilização:-

O A maior parte dos resíduos é produzida a partir de recursos naturais. Os recursos naturais são coisas feitas a partir da natureza, tais como árvores, minerais, petróleo, gás e metais. Os resíduos criam verdadeiros recursos que, por vezes, são deitados fora. Após uma única utilização, os materiais valiosos são mantidos fora dos aterros e a poluição é evitada. Quando reutilizamos coisas, desperdiçamos menos materiais e poupamos recursos não renováveis.

O Chegou a hora:-

Chegou o momento de mudarmos a nossa forma de pensar; de darmos mais valor ao requisito básico para toda a vida na Terra - ar, solo e água limpos - e de reduzirmos os nossos resíduos para ajudar a protegê-los.

O tanto quanto os resíduos:-

O 80% dos resíduos do quotidiano podem ser reciclados e ganhar uma nova vida quando são decompostos e utilizados de novo e de novo.

O Reciclar ainda usa todos e recursos, não tem uma comunidade de programação de reciclagem?

O Compostos:-

O compostor é a forma mais antiga de reciclagem de diferentes tipos de compostores; alguns são concebidos para quintais e outros para varandas de apartamentos; como os vermicompostores; que utilizam minhocas para acelerar a decomposição de restos de comida em solo.

O projeto de instalações de água potável e a construção de sistemas de água potável

O eliminar a poluição dos cursos de água:-

O Ao proteger o ambiente natural em que as pessoas vivem, devemos evitar que a contaminação entre nos cursos de água e proteger os seus corredores naturais.

O Estes rios, lagos e ribeiros são a fonte de vida das comunidades, especialmente nos países em desenvolvimento. Os poluentes destes cursos de água são identificados em categorias: contaminação de fontes pontuais, como as instalações industriais/fabricantes, e fontes não pontuais, como o escoamento de águas residuais de zonas de construção. Os contaminantes incluem óleos e gorduras provenientes das estradas. A Geoliofe concebe sistemas que utilizam a filtragem da contaminação industrial e sistemas de retenção que utilizam a filtragem para a contaminação industrial e sistemas de lagoas de retenção com esquemas de plantação biológica, tais como bioesgotos e sistemas de lagoas de retenção abertas para contaminantes orgânicos. Estes sistemas são concebidos para eliminar a poluição antes de esta fluir para os lagos, ribeiros, rios e, eventualmente, para os oceanos.

O Estes sistemas não são dispendiosos e podem fazer parte de um corredor natural através das comunidades que fornece água potável segura para as pessoas utilizarem, um local para a vida selvagem viver e ar filtrado de água doce para toda a vida. A vegetação ao longo destes cursos de água restaurados remove os contaminantes dos cursos de água e o óxido de carbono da atmosfera.

O Mitigação Valor para a sociedade

O A atenuação cria comunidades mais seguras, reduzindo as perdas de vidas e bens

O A atenuação permite que os indivíduos e as comunidades recuperem mais rapidamente de uma catástrofe

O Atenuação lições o impacto financeiro da catástrofe no governo e nas comunidades.

O Inundações: - são inundações temporárias de grandes regiões em resultado de um aumento das albufeiras ou de rios que inundam as suas margens. Devido a chuvas fortes, ventos fortes, ciclones, tempestades ao longo da costa, tsunamis, derretimento da neve ou rebentamento de barragens.

O seca

O A seca é uma anomalia climática caracterizada por um fornecimento deficiente de humidade resultante quer de precipitação subnormal, quer de uma distribuição errática da precipitação, quer de uma maior necessidade de água ou de uma combinação de todos os factores.

O Os seus efeitos acumulam-se frequentemente de forma lenta durante um período de tempo considerável e podem prolongar-se de um mês a um ano após o termo do evento.

O Monitorização da seca:-

O controlo e o alerta precoce fornecem essencialmente a base sobre a qual podem ser tomadas decisões atempadas pelos decisores a todos os níveis (ou seja, dos agricultores aos decisores políticos nacionais)

O Planeamento da utilização dos solos

O Planeamento dos meios de subsistência

O Seguros de colheitas (trata-se de um seguro concedido aos agricultores que perderam as suas colheitas devido à falta de abastecimento de água.

O Do lixo ao jardim

O Lixo para o jardim para fazer Vermi adubo cavar um poço em um jardim próximo ou tomar uma calha com um pouco de terra nele.colocar algumas cascas de vegetais e água sobre ele. deixar Vermi aquece, um tipo de terra quente e são os melhores para fazer composto sobre estes resíduos cobrir o poço ou através com o solo. Polvilhe um pouco de água todos os dias para facilitar a decomposição. Após alguns dias, notaremos que o solo e os resíduos vegetais se misturaram e o estrume está pronto para ser plantado. Este método de preparação de composto com a ajuda de minhocas vermelhas chama-se vermicompostagem.

O A água é um recurso natural de primeira ordem que satisfaz as nossas necessidades num contexto de bens precários. Devemos agir para preservar e utilizar cada gota de água. Os recursos hídricos podem ser avaliados com base nas massas de água superficiais e subterrâneas. Impacto das alterações climáticas nas águas subterrâneas O impacto das alterações climáticas nas águas subterrâneas tem sido muito menos estudado do que o impacto nas águas superficiais. As águas subterrâneas reagem às alterações climáticas principalmente devido à alteração da recarga das águas subterrâneas, mas também à alteração do nível dos rios em resposta ao aumento da temperatura média, da precipitação, da variabilidade e do nível do mar, bem como das precipitações médias. A alteração do padrão de utilização dos solos devido ao aumento da urbanização, da industrialização e das actividades agrícolas é um problema grave que provoca o aumento das águas subterrâneas, resultando no esgotamento dos recursos hídricos subterrâneos e na extração de recursos hídricos subterrâneos, juntamente com a deterioração da qualidade da água. A precipitação é altamente irregular e errática e está a diminuir de ano para ano devido à alteração das condições climáticas em resultado da desflorestação grave que provoca o aquecimento global.

O O ciclo da água

O As actividades humanas podem afetar a qualidade da água à medida que esta passa pelo ciclo da água. A água é o nosso recurso mais reciclado. A quantidade de água na Terra é basicamente constante, mas a distribuição da água muda ao longo do tempo e do espaço devido a processos dinâmicos denominados ciclo da água ou ciclo hidrológico. O ciclo da água é alimentado pela energia solar e pela gravidade. O calor do sol no nosso planeta provoca a evaporação da água dos lagos, dos cursos de água e dos solos. A energia solar também impulsiona processos chamados transpiração - a libertação e evaporação da água de pequenos poros nas folhas das plantas. O vapor de água evaporado e transpirado é armazenado na atmosfera até se condensar e ser puxado pela gravidade de volta para a terra sob a forma de chuva, granizo, neve, orvalho ou geada. 80 % desta água prevista é devolvida diretamente à atmosfera por evaporação. A restante quantidade escorre pela terra para lagos e ribeiros ou pode infiltrar-se no solo.

O Parte da água que penetra no solo permanece na zona não saturada. Esta zona é uma camada de rocha ou de solo em que parte do espaço entre as partículas é preenchido com ar e outra parte com água. Parte da água da zona não saturada é absorvida pelas raízes das plantas e devolvida à atmosfera por transpiração. O resto da água é puxada mais profundamente para o solo pela gravidade, preenchendo todas as causas e espaços nas camadas subjacentes de solo, cascalho e rocha. A água na zona saturada é chamada de água subterrânea. O topo da zona saturada é o lençol freático. A água continua a mover-se no subsolo a partir de áreas de elevada altitude em direção a áreas de baixa altitude. Este movimento é geralmente lento, de alguns metros por dia a alguns metros por ano. Onde quer que o lençol freático encontre a superfície da terra, pode surgir uma nascente ou a água subterrânea pode infiltrar-se num lago ou num riacho; a água pode evaporar-se e regressar à atmosfera; e o ciclo da água recomeça.

O As actividades humanas podem afetar a qualidade da água em qualquer ponto do ciclo. A poluição atmosférica pode alterar a composição química da chuva e da neve. O escoamento superficial da chuva e da neve derretida pode afetar o solo. O excesso de nutrientes para as plantas, os pesticidas, os resíduos animais e os poluentes municipais e industriais, à medida que correm pelo solo para os lagos e ribeiros. A água que percola através do solo e das rochas pode apanhar contaminantes naturais ou outros. O conhecimento do ciclo da água pode ajudar-nos a compreender a poluição da água e a poluição pode ser evitada.

O O nosso orçamento para a água:-

Um orçamento hídrico, semelhante ao orçamento financeiro doméstico, pode ser desenvolvido para acompanhar o movimento da água através do ciclo hidrológico. As "receitas" são a água que entra na bacia de drenagem ou na bacia hidrográfica; e consistem na precipitação que cai na bacia sob a forma de chuva ou neve. Os glaciares criaram os nossos aquíferos.

O Os "desembolsos" consistem no vapor de água libertado pela evaporação ou pela transpiração das plantas verdes e na água que é arrastada para os cursos de água e rios sob a forma de escoamento superficial.

O Fonte de contaminação das águas subterrâneas

O As águas subterrâneas podem ser contaminadas por fontes naturais ou por numerosos tipos de actividades humanas. As actividades residenciais, municipais, comerciais, industriais e agrícolas podem todas afetar a qualidade das águas subterrâneas.

O Os contaminantes podem atingir as águas subterrâneas a partir de actividades à superfície do solo, tais como libertações ou derrames de resíduos industriais armazenados; a partir de fontes situadas abaixo da superfície do solo mas acima do lençol freático, tais como sistemas sépticos ou sistemas de armazenamento subterrâneo de petróleo com fugas; a partir de estruturas situadas abaixo do lençol freático, tais como poços; ou a partir de águas de recarga contaminadas.

O Os contaminantes podem atingir as águas subterrâneas devido a actividades na superfície do solo.

O Utilização de pesticidas e fertilizantes

O Milhões de toneladas de adubos e pesticidas (por exemplo, herbicidas, insecticidas, rodenticidas, fungicidas e avicidas) são utilizados anualmente na produção vegetal; alguns pesticidas permanecem no solo e na água durante muitos meses ou muitos anos. Alguns destes pesticidas e fertilizantes (alguns altamente tóxicos) entraram e contaminaram as águas subterrâneas após uma utilização normal e registada.

O Efeitos da contaminação das águas subterrâneas:-

O A contaminação das águas subterrâneas pode resultar em água potável de má qualidade, perda do abastecimento de água, degradação do sistema de águas superficiais, custos elevados de limpeza, custos elevados de abastecimento alternativo de água e/ou potenciais problemas de saúde.

O Sistemas sépticos:-

Uma das principais causas de contaminação das águas subterrâneas nos efluentes (fluxos de saída) de fossas sépticas, cisterna e pradarias, os sistemas sépticos que não são corretamente armazenados, desginados, construídos ou mantidos podem contaminar as águas subterrâneas com bactérias, vírus, nitratos, detergentes, óleos e produtos químicos.

O Conservação da água

O 1 desligue a água quando não a estiver a utilizar, não a deixe correr enquanto escova os dentes ou faz a barba.

O 2.Fazer flash na casa de banho com menos frequência.

O reparar fugas e pingas.

O tomar um duche mais curto.

O tomar banho.

O manter uma garrafa de água potável no frigorífico

O poço de imersão profundo no seu relvado.

O Plantar árvores e plantas resistentes à seca.

O 9.promover a recolha de águas pluviais.

O contendo o contaminante para evitar a migração

- bombagem de água, tratamento da mesma e devolução ao aquífero.
- Nova orientação para a proteção da cabeça do poço.

O 13.flexibilidade a chave do sucesso.

O Doenças transmitidas pela água e saúde humana

O Leptospirose:

O O risco de contrair Leptospirose em águas de recreio é muito reduzido. No entanto, a gravidade da doença é tal que devemos estar conscientes dos perigos e tomar precauções simples para reduzir o risco de infeção. A leptospirose é uma infeção contraída através do contacto com urina de animais infectados (principalmente roedores, bovinos ou suínos). Os organismos causadores podem entrar no corpo através de cortes ou abrasões da pele ou do revestimento do nariz, boca, garganta, infecções ou olhos.

O Algas verde-azuladas-cinobactérias:-

As cynobecteria encontram-se habitualmente em águas doces e salobras, que se formam durante períodos prolongados de trabalho, em condições meteorológicas instáveis. As escumas de algas acumulam-se a favor do vento na superfície dos lagos e em águas de movimento lento. No ser humano, podem provocar irritações oculares, dermatites e dores nas articulações ou, mais gravemente, gastroenterites, pneumonias, lesões hepáticas e certas doenças neurológicas.

O Doença gastro-inestinal:-

A utilização de águas interiores nunca será isenta de riscos e é essencial que os utilizadores estejam conscientes dos riscos envolvidos na utilização de um determinado troço de água. A avaliação do risco colocado pela qualidade da água é difícil, uma vez que o estado é muito substancial num espaço de tempo muito curto, em geral; o risco para a saúde dependerá do número de pessoas numa determinada massa de água.

O Hepatite A:-

A hepatite A é causada por um vírus presente no rosto e é, portanto, outra doença que pode ser contraída através de água contaminada com esgoto.

O início da hepatite pode ser abrupto e os sintomas incluem febre, iterícia e desconforto abdominal.

O Mitigação

O l.estar atento aos sintomas das doenças transmitidas pela água durante e após a prática do remo.

O 2. conhecer os sintomas das doenças transmitidas pela água e saber que medidas tomar.

■ Afixar cartazes em locais adequados (avisos de segurança, quadros, vestiários, casas de banho, etc.).

O 4.informar os membros sobre os perigos, a prevenção, os sintomas e o tratamento das doenças transmitidas pela água.

O Informações sobre doenças transmitidas pela água:-

O Nunca beber água de rios ou lagos

O Se a água contaminada tiver sido ingerida, consulte o seu médico com todos os detalhes do incidente.

O só bebe da sua própria garrafa

O não salpique água de rios ou lagos no rosto ou no corpo para se refrescar, mantenha a sua região de imunização contra

Tétano, Hepatite A, Hepatite B, Poliomielite, Tifoide e Disenteria.

O Manter as mãos limpas e tomar um duche, se necessário, antes de comer ou beber.

O Inundações:- Consequências do excesso de água: Inundações:-

Para além da sacralidade hídrica, a acumulação de demasiada água em pouco tempo numa determinada área pode ser devastadora para a população e para a economia nacional. As inundações também trazem benefícios para os seres humanos através da manutenção do ecossistema, como a produção de sedimentos e nutrientes para aumentar a fertilidade do solo nas planícies de inundação. Embora as inundações sejam essencialmente acontecimentos naturais, o ser humano influencia a sua frequência e gravidade, convertendo os espaços naturais em centros urbanos, desflorestando encostas e drenando zonas húmidas, o ser humano reduz a capacidade dos ecossistemas e dos solos para absorver o excesso de água de volta para a atmosfera, criando condições que promovem o aumento do escoamento superficial e das inundações.

O Efeitos antropogénicos no ciclo hidrológico:-

Os factores antropogénicos relacionados com a utilização direta da água para as necessidades humanas, com a construção de reservatórios em toda a Terra, estão a produzir efeitos claros na evaporação e no escoamento superficial nas grandes bacias hidrográficas. No entanto, para toda a Terra, o total anual do escoamento superficial dos rios em relação à retirada total de água é de 9% e o consumo de água é de 5%. Do ponto de vista do possível impacto humano no ciclo hidrológico, os problemas mais graves estão associados às alterações antropogénicas previstas no clima global devido a concentrações mais elevadas de CO2 e de outros gases de estufa na atmosfera. Um aumento da temperatura do ar global de vários graus pode provocar alterações graves em todas as componentes do ciclo hidrológico em muitas regiões do mundo, o que pode ter impactos graves no desenvolvimento socioeconómico e no ambiente.

O A atividade humana afecta inevitavelmente: o ambiente que causa na cobertura vegetal e nas paisagens naturais, e transforma o sistema hídrico.ao fazer diferente da atividade humana estão gradualmente a acumular-se em corpos de água, no solo e na terra. De um modo geral, os factores antropogénicos provocam efeitos qualitativos adversos no ambiente, nomeadamente a contaminação crescente do ar, das águas superficiais e sub-superficiais, dos solos e sub-solos e a degradação das paisagens naturais. O ciclo humano, ou seja, pode afetar o regime e a quantidade de precipitações do escoamento hidrológico às escalas local, regional e global.

O A atividade humana afecta, em certa medida, todas as componentes básicas do ciclo hidrológico: precipitação, evaporação e escoamento fluvial. No entanto, qualquer alteração nas componentes do ciclo hidrológico depende, em grande medida, da dimensão da área em causa; em regra, quanto maior for o território, mais estável será a relação entre as componentes individuais do ciclo hidrológico.

O Existem muitos tipos de atividade humana que podem afetar o ciclo hidrológico em diferentes condições fisiológicas e escalas espácio-temporais, ou seja, desde as escalas locais até às escalas globais: de acordo com a natureza e a escala do impacto humano nas componentes do ciclo hidrológico (precipitação, evaporação, escoamento), todos os factores da atividade humana podem ser combinados no seguinte grupo

O factores relacionados com a transformação da superfície terrestre.

O 8. Impacto ambiental das alterações climáticas

O Alterações do nível do mar Durante o século XX, a subida média do nível do mar com base em marégrafos situou-se entre 1,0 e 2,0 mm/ano.

O Água Quadro 2

	S.N	Tipos Volume	Milhares.CU.Cm.
0	**1.**	**Oceano Mundial**	**1,338,000**
0	**2.**	**Águas subterrâneas**	**23,400**
0	**3.**	**Água doce**	**10,530**
0	***4.***	**Humidade do solo**	**16.5**
0	**5.**	**Glaciar/Gelo permanente**	**24,100**
0	**6.**	**Lagos (frescos)**	**91**
0	**7.**	**WetLands**	**11.5**
0	**8.**	**Rios**	**2.12**
0	**9.**	**Água biológica**	**1.12**
0	**10.**	**Atmosfera**	**12.9**
0	**11.**	**Gelo no permafrost**	**300**
0	**Hidrosfera total**		**1,386,000**
0	**Total Água doce**		**35,029**

O Disponibilidade de água doce:-

O A disponibilidade de água doce é um desafio global. Se a água doce for preservada através do método de recolha de água da chuva, não haverá poluição nos glaciares do Himalaia, pois os glaciares são a principal fonte de água doce.Poupar energia, promover serviços de radiodifusão em todas as cidades porque a rádio é uma necessidade básica para educar as pessoas para a limpeza e conservação de energia, programa de recolha de água da chuva, utilizar o método de recolha de água da chuva em todos os edifícios nas cidades metropolitanas,

O utilizar tecnologia inovadora, como pesticidas à base de plantas (feitos através da planta e da árvore), urina de vaca, Neem, chilly, coalhada, utilizados como pesticidas e repelentes de insectos, porque os resíduos químicos nocivos poluem as águas subterrâneas, verificar o nível de poluição do rio de distribuição e do rio principal. O pensamento e o conhecimento humanos podem destruir a sociedade porque toda a gente deita lixo para cima de outra cabeça, ninguém assume a responsabilidade de salvar o planeta mãe da poluição.

O Conclusão:-

O "A água, o nosso recurso mais valioso, mantendo-a limpa" Responsabilidade pessoal:-

O controlo da poluição da água é sempre da responsabilidade de cada um. Frequentemente, as pessoas cometem o erro de pensar que o "Governo" vai tratar de um problema como a poluição da água. Estas pessoas esquecem-se que nós, enquanto cidadãos, é que devemos eliminar a poluição da água.

O Gestão de resíduos:-

A gestão de resíduos é o processo de tratamento de resíduos sólidos e oferece uma variedade de soluções para a reciclagem de itens que não pertencem ao lixo, o lixo pode ser usado como recursos valiosos. A gestão de resíduos é a "geração, prevenção, caraterização, monitorização, tratamento, manuseamento, reutilização e disposição residual de resíduos sólidos". Existem vários tipos de resíduos sólidos, incluindo resíduos municipais (residenciais, institucionais, comerciais), agrícolas e especiais (cuidados de saúde, domésticos, resíduos perigosos, lamas de depuração)".

O Tipos de eliminação de resíduos

Existem oito grandes grupos de métodos de gestão de resíduos, divididos em numerosas categorias, que incluem a redução e reutilização na fonte, a alimentação animal, a reciclagem, a composição, a fermentação, os aterros, a incineração e a aplicação no solo.

O pode começar a utilizar muitas técnicas em casa, como a redução e a reutilização, que reduzem a quantidade de material descartável utilizado.

O Métodos de eliminação de resíduos em aterros sanitários:- os processos de eliminação de resíduos centram-se na queima dos resíduos no solo.os aterros sanitários encontram-se em todas as áreas.este processo utilizado elimina o odor e o perigo dos resíduos antes de serem colocados no solo.

O Incineração: - incineração ou combustão é um tipo de método de eliminação em que os resíduos sólidos urbanos são queimados a alta temperatura, de modo a convertê-los em resíduos deste tipo de métodos é que ele pode reduzir o volume. diminuir o espaço que eles ocupam e reduzir o estresse em aterros, este processo é conhecido como tratamento térmico onde os resíduos soilid são convertidos por incineradores em gás de calor, fluxo e cinzas.

O recuperação e reciclagem:- a recuperação de recursos é o processo de utilização de um artigo totalmente descartado para uma utilização específica. Estes artigos descartados são processados para extrair ou recuperar materiais e recursos ou convertê-los em energia sob a forma de calor utilizável, eletricidade ou combustível.

O composição:-

A composição é um processo de biodegradação fácil e natural que transforma os resíduos orgânicos, ou seja, restos de plantas e resíduos de jardim e cozinha, em nutrientes e alimentos ricos para as plantas.

O Quanto dinheiro é que um telhado solar pode poupar?

O colocação de um painel solar no seu telhado pode eliminar a fatura da eletricidade.

O muitas coisas importantes que deve saber sobre a gestão de resíduos e eliminar a fim de garantir a manutenção do ambiente seguro, é a sua escolha como você vai eliminar os resíduos.

O Como é que lidamos atualmente com os resíduos domésticos e urbanos?

O Apesar dos nossos esforços crescentes, não há nenhuma maneira completamente segura de nos livrarmos do nosso lixo, todos os métodos de eliminação vêm com etiquetas de preços ambientais elevados, a melhor solução para o nosso problema do lixo é fazer uma mudança sem fazer e, em seguida, **encontrar a maneira mais adequada para gerir o que resta.**

O Reduzir-Reutilizar-Reciclar-compostar-queimar-enterrar

O Reduzir os resíduos que criamos:-

O que compramos e usamos, o que deitamos fora é o passo mais importante para poupar os nossos recursos nacionais, energia, espaço verde e reduzir a poluição.

O O que escolhemos:-

Precisamos de mudar os nossos hábitos de consumo e pensar duas vezes antes de comprar para não criarmos mais lixo.

O Reutilização:-

A maioria dos materiais é feita a partir de recursos naturais. Os recursos naturais são coisas feitas a partir da natureza, tais como árvores, minerais, petróleo, gás e metais. Os resíduos criam realmente recursos que são deitados fora por vezes. Após uma única utilização, mantêm os materiais valiosos fora dos aterros sanitários e

Quando reutilizamos coisas, desperdiçamos menos materiais e poupamos recursos não renováveis.

O Chegou a hora:-

Chegou o momento de mudarmos a nossa maneira de pensar; de valorizarmos o requisito básico para toda a vida na Terra - ar, solo e água limpos - e de reduzirmos os nossos resíduos para ajudar a protegê-los.

O tanto quanto:-

o 80% dos resíduos diários podem ser reciclados e receber uma nova vida quando são decompostos e reutilizados, a reciclagem continua a ser energia e recursos, não tem um programa de reciclagem na comunidade?

O Composit:-

o compostor é a forma mais antiga de reciclagem de diferentes tipos de compostores; alguns são concebidos para quintais e outros para varandas de departamentos; como os vermicompostores; que utilizam minhocas para acelerar a decomposição de restos de comida em solo.

O Água de tratamento de resíduos:-

A forma mais eficaz de gerir os resíduos é não os produzir e esta é a força motriz por detrás da ideia de minimização dos resíduos: em primeiro lugar, reduzir a quantidade de resíduos criados, reutilizar os resíduos, recuperar (através da reciclagem, compostagem ou instalações de valorização energética dos resíduos) e, finalmente, como último recurso, eliminar os resíduos para aterros.

O Resíduos de bens de consumo:-

o Embalagens e resíduos de embalagens.

o eliminação de PCB e PCT

o eliminação de pilhas usadas e acumula

- a reutilização, a reciclagem e a valorização dos veículos a motor
- problemas ambientais do PVC
- Eliminação de resíduos e equipamentos electrónicos.

O eliminação correta dos resíduos:-

O A eliminação adequada de resíduos de qualquer tipo é essencial para a prevenção do ambiente de vida e para a manutenção de um elevado nível de higiene pública. O efeito no ambiente do tratamento e eliminação de resíduos tem, por conseguinte, uma enorme importância na manutenção da qualidade de vida e as medidas para reduzir o problema têm de ser tomadas da melhor forma possível para manter a cidade limpa como um local limpo e saudável para os seus cidadãos.Sem a participação, a ocupação e o sentido de pertença do ser humano, será um desafio tornar um **local habitável, amável e saudável.**

O Ensaio de poluentes na água:-

O Bactérias coliformes: Escherichia Coli,

O Nível significativo de oxigénio dissolvido (DO).

O 3.Análise química.

O ^Espécie **indicadora**

O 5.Bactérias e leveduras brilham na presença de produtos químicos tóxicos

O 6.cor e turbidez da água.

O O que é a poluição da água?

O Poluição é uma palavra que se ouve quase todos os dias nos dias de hoje. A nossa sociedade produziu muitos tipos de poluição, alguns mais perigosos do que outros. Os cientistas estão constantemente a estudar a forma como os diferentes tipos de poluição afectam o ambiente. Quando se adiciona algo ao ambiente que o torna impuro ou inseguro, chama-se poluição. A poluição da água ocorre quando a água fica sobrecarregada com uma quantidade excessiva de uma coisa e os organismos aquáticos não conseguem acompanhar a sua responsabilidade de limpeza, alguns organismos podem morrer e outros podem crescer demasiado depressa. Os produtos petrolíferos, como o petróleo, o gás, o mel, entram na água a partir de navios e terminais marítimos, plataformas petrolíferas offshore, escoamento de parques de estacionamento, fábricas, descargas de petróleo e outras fontes. Muitos dos piores desastres de poluição foram devidos a acidentes envolvendo plataformas petrolíferas, oleodutos ou tanques de petróleo.

O

O A poluição da água pode causar doenças:-

O A água tem sido um dos bens preciosos do homem ao longo da história. A água, embora essencial para a vida, é frequentemente desperdiçada. O mau uso da água tornou-se um problema durante a revolução industrial, quando se desenvolveram cidades populosas. Os resíduos das casas e das fábricas eram descarregados diretamente nos rios e ribeiros perto das cidades.

O Os microrganismos encontram-se em todos os cursos de água naturais. Multiplicar-se-ão se houver alimento suficiente e condições ambientais adequadas para o crescimento dos organismos. Nos cursos de água poluídos, os microrganismos multiplicam-se muito rapidamente para consumir toda a poluição orgânica disponível.

O Conclusão:-

O Reciclagem agrícola de resíduos orgânicos, incluindo os resíduos do tratamento de resíduos municipais ou industriais biodegradáveis de bio-sólidos do tratamento de águas residuais municipais. A recuperação benéfica de nutrientes vegetais essenciais para manter a produtividade agronómica e a matéria orgânica, para melhorar as propriedades físico-químicas do solo.

O controlo da poluição: - o aumento da dimensão da poluição levou ao estabelecimento de uma organização mundial conhecida como Programa das Nações Unidas para a Proteção do Ambiente (PNUA). O governo e as indústrias privadas desempenham um papel vital na introdução de medidas antipoluição.A comunidade industrial está a aprender que os resíduos podem ser rentáveis e que é mais barato reciclar os resíduos do que deitá-los fora. A poluição da água pode ser reduzida através da eliminação adequada de esgotos, da degradação de rios e ribeiros pouco profundos, de operações de limpeza em lagos, da filtragem eficaz e da cloração da água potável, da restrição da eliminação aleatória de resíduos de fábricas nos rios, especialmente nas cidades.

Sobre o autor

Dr. Rakesh Kumar Mishra

Dr.Rakesh Kumar Mishra Bom em **10 de agosto de 1973** na Aldeia JurwaniDisstRewa (M.P.) O seu ensino primário e superior realizou-se em Dhamatari (C.G.). Dr.R.K.mishra é Pesquisador e Cientista Espacial e Solar. Ele obteve seu mestrado em Física no ano de 1996. Ele obteve seu doutorado em agosto de 2015 pela A.P.S Univ.Rewa (MP), ele submeteu 11 artigos de pesquisa em conferências nacionais e internacionais. seu foco de pesquisa atual em mudanças presentes e passadas do ciclo solar, clima espacial, água doce, eutrofização, variabilidade climática na Terra, variação do campo geomagnético, atmosfera terrestre, ocultação de rádio e telecomunicações.

More Books!

yes

I want morebooks!

Buy your books fast and straightforward online - at one of world's fastest growing online book stores! Environmentally sound due to Print-on-Demand technologies.

Buy your books online at
www.morebooks.shop

Compre os seus livros mais rápido e diretamente na internet, em uma das livrarias on-line com o maior crescimento no mundo! Produção que protege o meio ambiente através das tecnologias de impressão sob demanda.

Compre os seus livros on-line em
www.morebooks.shop

info@omniscriptum.com
www.omniscriptum.com

OMNIScriptum

MIX
Papier aus verantwortungsvollen Quellen
Paper from responsible sources
FSC® C105338

Printed by Books on Demand GmbH, Norderstedt / Germany